21 世纪高等职业教育计算机技术规划教材

21 ShiJi GaoDeng ZhiYe JiaoYu JiSuanJi JiShu GuiHua JiaoCai

计算机应用基础案例教程
实验指导

JISUANJI YINGYONG JICHU ANLI JIAOCHENG
SHIYAN ZHIDAO

裴来芝　刘东海　主编

李清霞　朱彬彬　唐丽玲　颜珍平　编委
罗学锋　王　云　邓　莹　潘玫玫
王昱煜　黄　嘉　杨茜玲　郭外萍

U0341396

人民邮电出版社

北　京

图书在版编目（ＣＩＰ）数据

计算机应用基础案例教程实验指导 / 裴来芝，刘东
海 主编. -- 北京：人民邮电出版社，2014.11（2015.1重印）
21世纪高等职业教育计算机技术规划教材
ISBN 978-7-115-35841-7

Ⅰ. ①计… Ⅱ. ①裴… ②刘… Ⅲ. ①电子计算机—
高等职业教育—教学参考资料 Ⅳ. ①TP3

中国版本图书馆CIP数据核字(2014)第231764号

内 容 提 要

本书根据作者多年讲授计算机应用基础课程的教学经验编写而成，旨在指导学生参加全国计算机信息技术考试——办公软件中级操作员和高级操作员。全书共分为 2 个部分，内容包括中级操作员的 Windows 系统操作、文字录入与编辑、格式设置与编排、表格操作、版面的设置与编排、工作簿操作、数据计算、综合应用 8 个单元；高级操作员的 Windows 系统操作、文档处理的基本操作、文档处理的综合操作、数据表格处理的基本操作、数据表格处理的综合操作、演示文稿的制作、办公软件的联合应用、桌面信息管理程序应用 8 个单元。

本书可作为高职高专院校的计算机应用基础课程的实验教材，也可以作为企事业单位办公人员参加考证的培训教材。

♦ 主　编　裴来芝　刘东海
　责任编辑　范博涛
　责任印制　杨林杰

♦ 人民邮电出版社出版发行　　北京市丰台区成寿寺路 11 号
　邮编　100164　电子邮件　315@ptpress.com.cn
　网址　http://www.ptpress.com.cn
　北京鑫正大印刷有限公司印刷

♦ 开本：787×1092　1/16
　印张：9.25　　　　　　2014 年 11 月第 1 版
　字数：232 千字　　　　2015 年 1 月北京第 2 次印刷

定价：24.00 元
读者服务热线：**(010)81055256**　印装质量热线：**(010)81055316**
反盗版热线：**(010)81055315**

前　言

全国计算机信息技术考试已经成为许多学校首选的职业技能鉴定考试项目，其中办公软件应用模块——操作员的证书更是成为各个学校各专业毕业生的毕业标准之一。由于高职学院开设相关课程的课时少，考证的题库不多，上课练习做题的时间又远远不够，做题的速度也跟不上，从而导致学生的过级率不高。针对此情况，编写了《计算机应用基础案例教程实验指导》旨在指导学生通过全国计算机信息技术考试（办公软件应用模块）中级操作员级或高级操作员级考试，由于学校一般组织非计算机专业的学生参加的是中级水平的考试，为了让有意向取得高级证书的学生能够参加高级水平的考试，教材除了有中级操作员考试的解题步骤外，还详细地介绍了高级操作员的解题步骤。

本书分为 2 个部分编写，中级操作员详细地介绍了 Windows 系统操作、文字录入与编辑、格式设置与编排、表格操作、版面的设置与编排、工作簿操作、数据计算、综合应用 8 个单元；高级操作员详细地介绍了 Windows 系统操作、文档处理的基本操作、文档处理的综合操作、数据表格处理的基本操作、数据表格处理的综合操作、演示文稿的制作、办公软件的联合应用、桌面信息管理程序应用 8 个单元。

本书由湖南铁道职业技术学院裴来芝、刘东海任主编，李清霞、朱彬彬、唐丽玲、颜珍平、罗学锋、王云、邓莹、潘玫玫、王昱煜、黄嘉、杨茜玲、郭外萍作为编委参与了部分内容的编写、校对和整理工作。

由于编者水平有限，书中难免存在疏漏之处，敬请广大读者批评指正。

编者
2014 年 6 月

目　录　CONTENTS

第一部分

全国计算机信息技术考试中级
操作员解题步骤

第一单元
Windows 系统操作

【操作要求及解题步骤】

考生按如下要求进行操作。

1. 启动"资源管理器"。

选择"我的电脑",鼠标右击,选择"资源管理器"。

2. 在 C 盘创建一个文件夹,文件夹命名为"4000001"。

打开桌面图标"我的电脑→C 盘→文件(菜单)→新建→文件夹→输入文件夹名称",如图 1-1-1 所示。

图 1-1-1　建立文件夹

3. 将 C 盘"DATAl"文件夹内的文件 TFl-7.doc、TF3-14.doc、TF4-20.doc、TF5-8.doc、TF6-6.xls、TF7-18.xls、TF8-4.doc 一次性复制到考生文件夹 400001 文件夹中,并分别重命名为 A1、A3、A4、A5、A6、A7、A8,扩展名不变。

步骤一:打开"我的电脑",打开本地磁盘 C 驱动器,打开 DATA1 文件夹。

步骤二:按住 Ctrl 键,依次选择 TFl-7.doc、TF3-14.doc、TF4-20.doc、TF5-8.doc、TF6-6.xls、TF7-18.xls、TF8-4. doc,如图 1-1-2 所示,右击选择"复制"。

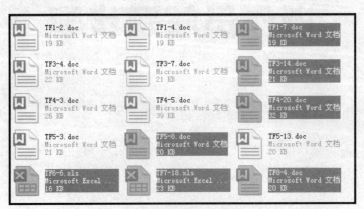

图 1-1-2　选择多个文件

步骤三：双击打开考生文件夹 400001，右击选择"粘贴"命令，就可以把所选择的文件一次性复制到指定考生文件夹 400001 文件夹内。

步骤四：选择 TFl-7.doc，右击选择"重命名"，输入主文件名称"A1"，扩展名不变。其他文件命名方法一样，最后，如图 1-1-3 所示。

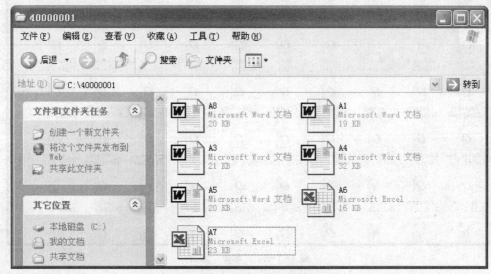

图 1-1-3　将所有文件重命名

4. 添加新字体"细明体新细明体"，该字体文件为 C 盘下的 JDFK 文件。

步骤一：选择开始菜单中的"控制面板"，打开控制面板窗口，如图 1-1-4 所示。

图 1-1-4　"控制面板"窗口

步骤二：选择"字体"，打开字体窗口，如图 1-1-5 所示。

图 1-1-5 "字体"窗口

步骤三：选择字体窗口中的"文件"菜单下的"安装新字体"，打开"添加新字体"对话框，如图 1-1-6 所示。

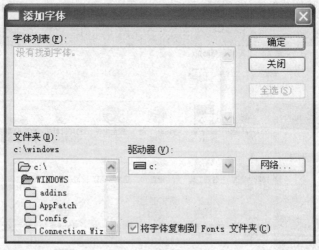

图 1-1-6 "添加字体"对话框

步骤四：选择"细明体新细明体"字体所在的驱动器位置和文件夹位置，就会看到所有添加的"细明体新细明体"字体，选择"细明体新细明体"字体，单击"确定"按钮就可以看到字体窗口中已添加"细明体新细明体"字体。

5．添加双拼输入法。

步骤一：双击控制面板窗口中的"区域和语言选项"，打开"区域和语言选项"对话框，如图 1-1-7 所示。

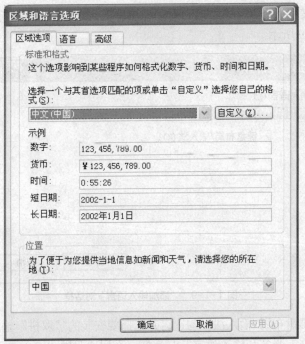

图 1-1-7 "区域和语言选项"对话框

步骤二：在"区域和语言选项"对话框中选择"语言"选项，再选择"详细信息"按钮，打开"文字服务和输入语言"对话框，如图 1-1-8 所示。

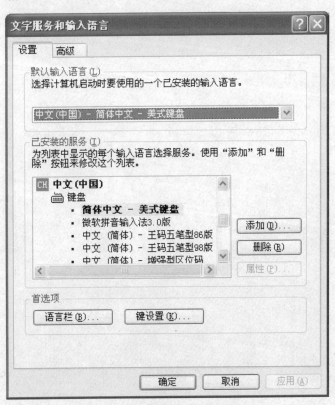

图 1-1-8 "文字服务和输入语言"对话框

步骤三：在"文字服务和输入语言"对话框中单击"添加"按钮，打开"添加输入语言"对话框，如图1-1-9所示。

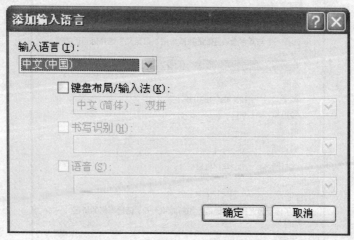

图 1-1-9 "添加输入语言"对话框

步骤四：将"键盘布局/输入法"勾选，并选择要安装的"双拼"输入法，单击"确定"按钮就可以回到"文字服务和输入语言"对话框，看到"双拼"输入法已安装好。

PART 2

第二单元
文字录入与编辑

第 1 题

【操作要求及解题步骤】

考生按如下要求进行操作。

1. 新建文件。

● 在字表处理软件中新建一个文档，文件名为 A2.doc，将其保存至考生文件夹。

图 2-1-1　新建文件

步骤一：鼠标单击"开始"菜单，指向"所有程序"，选择"Microsoft Office Word 2003"。

步骤二：单击常用工具栏中的"新建空白文档"按钮，如图 2-1-1 所示。

步骤三：单击常用工具栏中的"保存"按钮，选择文件保存位置，输入文件名"A2"，单击"保存"按钮，如图 2-1-2 所示。

图 2-1-2　保存文件

2. 录入文本与符号。

● 按照【样文 2-1A】，录入文字、字母、标点符号、特殊符号等。

【样文 2-1A】

☎当〖网聊〗成为许多年轻人生活的一部分时，拥有〖ICQ〗不知不觉中就成了时尚的标志。由于受时间与地域的限制，且不能随时随地神聊，已成为〖网聊〗者共同的憾事，"移动 QQ"的出现正好弥补了〖网聊〗的缺陷，从而受到年轻手机族的青睐。✳

步骤一：单击菜单"插入"→"符号"，选择字体"Wingdings 2"，选中符号"☏"，单击"插入"按钮，单击"关闭"按钮，如图2-1-3所示。

步骤二：切换至中文输入法，注意输入法状态应为半角、中文标点状态。输入中文汉字"当"。

步骤三：右击输入法状态栏上的"打开/切换软键盘"按钮，选择"标点符号"（见图2-1-4），输入4对"〖 〗"，单击"打开/切换软键盘"按钮。光标单击相应位置，输入中文、英文、大写字母。

步骤四：单击菜单"插入"→"符号"，选择字体"Wingdings 2"，移动滚动条，双击符号"❋"，单击"关闭"按钮。

图2-1-3　插入符号　　　　　　　　　　图2-1-4　打开软键盘

3. 复制粘贴。

● 将C:\2004KSW\DATA2\TF2-1B.DOC中所有文字复制到考生录入文档之后。

步骤一：单击常用工具栏中的"打开"按钮，选择位置"C:\2004KSW\DATA2"，打开文件"TF2-1B.DOC"。

步骤二：按下快捷键"Ctrl+A"选择所有文字，按下快捷键"Ctrl+C"复制所选文字。

步骤三：单击菜单"窗口"→"A2"，光标定位到"❋"之后，按下"Enter"键进入下一行，按下快捷键"Ctrl+V"粘贴所选文字。

4. 查找替换。

● 将文档中所有"网聊"替换为"网上聊天"，结果如【样文2-1B】所示。

步骤一：光标定位到文档最前，单击菜单"编辑→替换"，输入查找内容"网聊"，输入替换内容"网上聊天"，单击"全部替换"按钮，单击提示框中的"确定"按钮，单击"关闭"按钮。

步骤二：单击菜单"文件"→"保存"。

【样文2-1B】

☏当〖网上聊天〗成为许多年轻人生活的一部分时，拥有〖ICQ〗不知不觉中就成了时尚的标志。受时间与地域的限制，不能随时随地神聊，这已成为〖网上聊天〗者共同的憾事，"移动QQ"的出现正好弥补了〖网上聊天〗的缺陷，从而受到年轻手机族的青睐。❋

"移动 QQ"是手机和网络"联姻"的产物，是使用手机的短消息功能与 ICQ 用户进行通信的业务，它使互联网与移动电话之间的相互通信成为现实，是真正的"移动互联网"服务。用移动 QQ 的服务使您和聊友的沟通从电脑和网络中解放出来，用手机就可以和网上的 QQ 朋友们随意聊天和沟通。

"非常男女"专门为寻找理想伴侣的青年男女而设计，此业务为男女双方提供了一个互相交流、相互了解的空间。用户通过发送短信息内容 BG 到 11189，登记自己及心目中的他(她)的资料，系统进行男女配对，用户便可享受到陌生的心跳感受。

第 2 题

【操作要求及解题步骤】

1、2 点同前，略。

3. 复制粘贴。

● 将 C:\2004KSW\DATA2\TF2-2B.DOC 中所有红色文字复制到考生录入文档之前，绿色文字复制到考生录入文档之后。

步骤一：单击常用工具栏中的"打开"按钮，打开文件"C:\2004KSW\DATA2\TF2-2B.DOC"。鼠标放在红色文字左边，向下拖动选择所有红色文字，按下快捷键"Ctrl+C"复制红色文字。单击菜单"窗口"→"A2"，光标定位到"▨"之前，按下快捷键"Ctrl+V"粘贴红色文字。

步骤二：单击菜单"窗口"→"TF2-2B"，选择所有绿色文字，按下快捷键"Ctrl+C"复制。单击菜单"窗口→A2"，光标定位到"▨"之后，按下"Enter"键进入下一行，按下快捷键"Ctrl+V"粘贴绿色文字。

4. 同前，略。

PART 3

第三单元
格式设置与编排

第1题

【操作要求及解题步骤】

打开文档 TF3-1.doc，按下列要求设置、编排文档格式。

一、设置【文本 3-1A】如【样文 3-1A】

1. 设置字体。

● 第一行标题为隶书，第二行为仿宋，正文为华文行楷，最后一段"解析"为华文新魏，其余为楷体 CB_2312。

选择标题"菩萨蛮"，单击格式工具栏中的"字体"下拉框，选择字体"隶书"，如图 3-1-1 所示；选择作者"李白"，设置字体"仿宋"；选择正文"平林……更短亭。"，设置字体"华文行楷"；选择最后一段"解析"，设置字体"华文新魏"；选择最后一段其余文字，设置字体"楷体 CB_2312"。

2. 设置字号。

● 第一行标题为二号，正文为四号。

选择标题"菩萨蛮"，单击格式工具栏中的"字号"下拉框，选择字号"二号"，如图 3-1-2 所示。选择正文"平林……更短亭。"，设置字号"四号"。

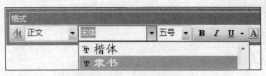

图 3-1-1　设置字体

图 3-1-2　设置字号

3. 设置字形。

● "解析"加双下画线。

选择"解析"，单击格式工具栏中的"下画线"下拉列表，选择线型"双下画线"，如图 3-1-3 所示。

4. 设置对齐方式。

● 第一行和第二行为居中对齐。

选择标题"菩萨蛮"，单击格式工具栏中的"居中"按钮，如图 3-1-4 所示。选择作者"李白"，设置居中。

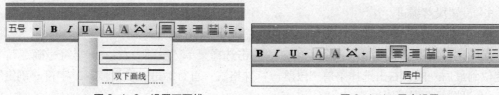

图 3-1-3 设置下画线   图 3-1-4 居中设置

5. 设置段落缩进。

● 正文首行缩进 2 个字符，最后一段首行缩进 2 个字符。

选择正文"平林……更短亭。"，右击打开快捷菜单，选择菜单"段落"，单击"特殊格式"下拉框，选择"首行缩进"，修改度量值为"2 字符"，如图 3-1-5 所示。选择最后一段，设置首行缩进 2 个字符。

6. 设置行（段落）间距。

● 第一行标题为段前 1 行，段后 1 行；第二行为段后 0.5 行；最后一段为段前 1 行。

右击标题，选择菜单"段落"，设置段前 1 行，段后 1 行。设置第二行段后 0.5 行。设置最后一段段前 1 行。

图 3-1-5 首行缩进

二、设置【文本 3-1B】如【样文 3-1B】所示

1. 拼写检查。

● 改正【文本 3-1B】中的单词拼写错误。

右击红色波浪线位置单词"knowledgee"，按样文选择建议单词"knowledge"。依次右击红色波浪线单词，更正单词。

2. 项目符号或编号。

● 按照【样文 3-1B】设置项目符号或编号。

选择所有英文，右击选择菜单"项目符号和编号"，选择"✓"，单击"确定"按钮。

第 2 题

【操作要求及解题步骤】

打开文档 TF3-2.doc，按下列要求设置、编排文档格式。

一、设置【文本 3-2A】如【样文 3-2A】

1、2 点同前，略。

3. 设置字形。

● 第一行标题加粗，第二行作者姓名居中。

选择第一行"我爱这土地"，单击格式工具栏中的加粗按钮"B"。选择第二行"艾青"，单击格式工具栏中的居中按钮。

4. 同前，略。

5. 设置段落缩进。

● 正文左缩进 10 个字符，最后一段首行缩进 2 个字符。

光标定位到正文"假如……深沉……"，右击选择菜单"段落→左：10 字符→确定"。光标定位到最后一段，右击选择菜单"段落→特殊格式：首行缩进→度量值：2 字符→确定"。

6. 设置行（段落）间距。

● 第一行标题为段前、段后各 1 行，第二行为段后 0.5 行，正文行距为固定值 20 磅，最后一个自然段为段前 1 行。

选择第一行"我爱这土地"，右击选择菜单"段落→段前：1 行→段后：1 行→确定"。选择第二行"艾青"，右击选择菜单"段落→段后：0.5 行→确定"。选择正文"假如……深沉……"，右击选择菜单"段落→行距：固定值→设置值：20 磅→确定"。光标定位最后一段"艾青……感伤。"，右击选择菜单"段落→段前：1 行→确定"。

二、设置【文本 3-2B】如【样文 3-2B】所示

1. 省略。

2. 项目符号或编号。

● 按照【样文 3-2B】设置项目符号或编号。

选择所有英文，右击选择菜单"项目符号和编号"，选择其中一个项目符号，单击按钮"自定义→字符→字体：Wingdings→➢→确定→确定"，如图 3-2-1 所示。

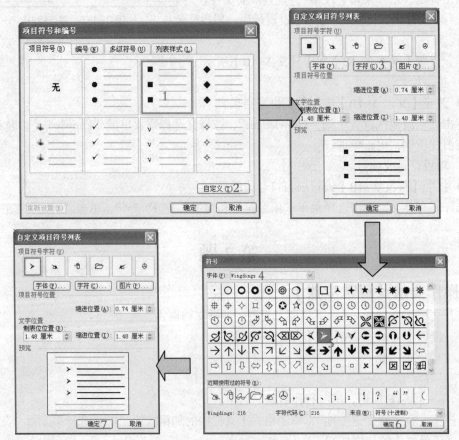

图 3-2-1　设置项目符号

第 3 题

【操作要求及解题步骤】

打开文档 TF3-3.doc，按下列要求设置、编排文档格式。

1、2 点同前，略。

3．设置字形。

● 正文第 2、第 3、第 4 段开头的 "严重神经衰弱者"、"癫痫病患者"、"白内障患者" 加粗，加着重号。

选择 "严重神经衰弱者"，右击选择菜单 "字体，设置字形：加粗，着重号：·，单击 "确定" 按钮，如图 3-3-1 所示。设置 "癫痫病患者"、"白内障患者" 加粗，加着重号。

后 5 点同前，略。

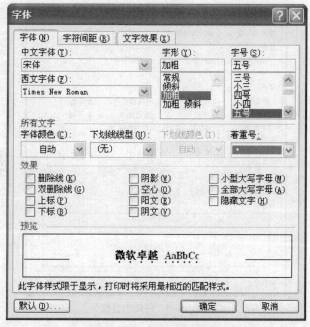

图 3-3-1　着重号设置

第 4 题

【操作要求及解题步骤】

打开文档 TF3-4.doc，按下列要求设置、编排文档格式。

1、2 点同前，略。

3．设置字形。

● 第一行标题加粗，最后一行倾斜。

选择第一行 "外国名著介绍"，单击格式工具栏中的加粗按钮 "B"。选择最后一行 "——佚名搜集整理"，单击格式工具栏中的倾斜按钮 "I"。

后 5 点同前，略。

第 5 题

【操作要求及解题步骤】

打开文档 TF3-5.doc，按下列要求设置、编排文档格式。

前 5 点省略。

6.设置行（段落）间距。

● 第二行段前、段后各 1.5 行，正文段前、段后各 0.5 行，正文行距为 1.5 倍行距。

选择第二行"选择……事项"，右击选择菜单"段落"，设置段前为 1.5 行，段后为 1.5 行，单击"确定"按钮。选择正文"选择……不用。"，右击选择菜单"段落"，设置段前为 0.5 行，段后为 0.5 行，行距为 1.5 倍行距，单击"确定"按钮，如图 3-5-1 所示。

后两点省略。

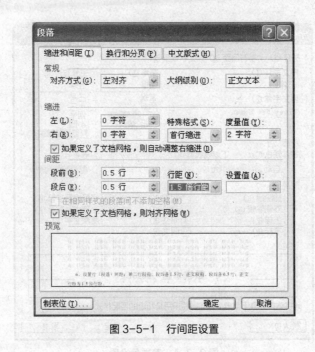

图 3-5-1　行间距设置

第四单元 表格操作

第 1 题

【操作要求及解题步骤】

打开文档 TF4-1.doc，按下列要求创建、设置表格如【样文 4-1】所示。

1. 创建表格并自动套用格式。

● 将光标置于文档第一行，创建一个 3 行 3 列的表格，为新创建的表格自动套用精巧型 1 的格式。

光标定位到文档第一行，选择菜单"表格"→"插入"→"表格..."，修改表格尺寸"列数：3，行数 3"，单击"自动套用格式..."按钮，选择表格样式"精巧型 1"，取消特殊格式应用于"末行、末列"，如图 4-1-1 所示。

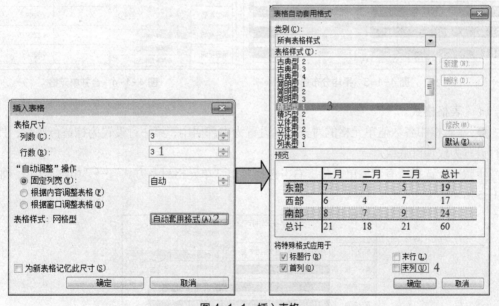

图 4-1-1　插入表格

2. 表格行和列的操作。

● 删除表格中"不合格产品"一列右侧的一列（空列），将"第四车间"一行移至"第五车间"一行的上方，将表格各行平均分布。

步骤一：鼠标定位到空列，选择菜单"表格"→"删除"→"列"。

步骤二：鼠标定位到"第四车间"所在行，选择菜单"表格"→"选择"→"行"，选择菜单"编辑"→"剪切"，鼠标定位到"第五车间"所在单元格，选择菜单"编辑"→"粘贴"，如图 4-1-2 所示。

步骤三：鼠标定位到表格内，选择菜单"表格"→"选择"→"表格"，右击打开快捷菜单，选择命令"平均分布各行"，如图 4-1-3 所示。

3．合并或拆分单元格。

● 将表格中"车间"单元格与其右侧的单元格合并为一个单元格。

选中"车间"单元格及右侧单元格，右击选择菜单"合并单元格"，如图 4-1-4 所示。

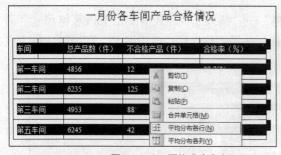

图 4-1-2　移动行

图 4-1-3　平均分布各行　　　　　　　　图 4-1-4　合并单元格

4．表格格式。

● 将表格中各数值单元格的对齐方式设置为中部居中；第一行设置为棕黄色底纹，其余各行设置为玫瑰红底纹。

步骤一：选择所有数值单元格，右击选择菜单"单元格对齐方式"→"中部居中"，如图 4-1-5 所示。

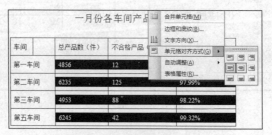

图 4-1-5　设置单元格对齐方式

步骤二：选择菜单"视图"→"工具栏"→"表格和边框"，显示"表格和边框"工具栏，选择表格第一行，单击"表格和边框"工具栏中的"底纹颜色"选项按钮，选择"棕黄色"（或茶色），如图 4-1-6 所示。

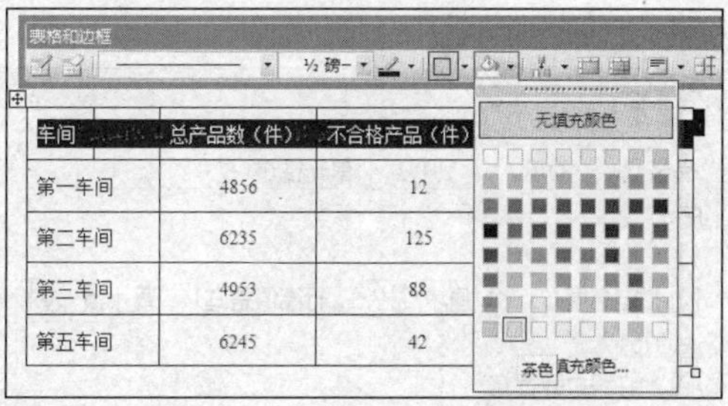

图 4-1-6　设置单元格底纹

步骤三：选择表格其余行，单击"表格和边框"工具栏中的"底纹颜色"选项按钮，选择"玫瑰红"。

5. 表格边框。

● 将表格外边框设置为双实线，网格横线设置为点画线，网格竖线设置为细实线。

步骤一：选择整个表格，设置"表格和边框"工具栏上"线型"为"双实线"，单击"框线"选项按钮，选择"外侧框线"，如图 4-1-7 所示。

图 4-1-7　绘制外侧框线

步骤二：选择整个表格，设置"表格和边框"工具栏上"线型"为"点画线"，单击"框线"选项按钮，选择"内部横框线"。

步骤三：选择整个表格，设置"表格和边框"工具栏上"线型"为"细实线"，单击"框线"选项按钮，选择"内部竖框线"。

第 2 题

【操作要求及解题步骤】

1. 同前，略。

2. 表格行和列的操作。

● 删除表格中"始发站"一列；"终到时间"一列和"开出时间"一列位置互换；第一行行高为 1 厘米，将其余各行平均分布。

步骤一：选择"始发站"一列，右击选择菜单"删除列"。

步骤二：选择"终到时间"一列，按快捷键"Ctrl+X"剪切列，光标定位 "附注"单元格，按快捷键"Ctrl+V"粘贴列；选择"开出时间"一列，按快捷键"Ctrl+X"剪切列，光标定位 "终止站"单元格，按快捷键"Ctrl+V"粘贴列。

步骤三：选择第一行，右击选择菜单"表格属性"→"行"→"指定高度：1厘米"，如图4-2-1所示。

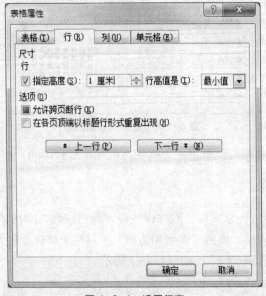

图4-2-1 设置行高

3. 合并或拆分单元格。

● 将表格中"经京九线"单元格拆分为2行1列单元格，将"经漯宝线"单元格拆分为3行1列单元格。

步骤一：光标定位到"经京九线"单元格，右击选择菜单"拆分单元格"→"列数：1，行数：2"，如图4-2-2所示。

图4-2-2 拆分单元格

步骤二：光标定位"经漯宝线"单元格，右击选择菜单"拆分单元格"→"列数：1，行数：3"。

4. 同前，略。

5. 表格边框。

● 将表格两边的边框线清除；将第一行的下边线设置为棕黄色的实线，粗细为2.5磅；将第2~6行的下边线设置为点画线，粗细为1磅。

步骤一：显示"表格和边框"工具栏。选择整个表格，设置"表格和边框"工具栏上"线型"为"无边框"，单击"框线"选项按钮，选择"左框线"，单击"框线"选项按钮，选择"右框线"。

步骤二：选择表格第一行，设置"表格和边框"工具栏上"线型"为"实线，"粗细"设为"2.5 磅"，"边框颜色"设为"棕黄色"，单击"框线"选项按钮，选择"下框线"。

步骤三：选择表格第 2~7 行，设置"表格和边框"工具栏上"线型"为"点画线"，"粗细"设为"1 磅"，单击"框线"选项按钮，选择"内部横框线"，如图 4-2-3 所示。

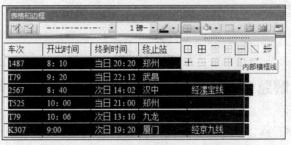

图 4-2-3　框线设置

第 3 题

【操作要求及解题步骤】

1. 同前，略。

2. 表格行和列的操作。

● 在表格的最下面插入一行，并在该行最左端单元格中输入文本"备注"；将"五月"一列与"二月"一列互换位置；设置"产品"一列的列宽为 2.1 厘米，其他各列的列宽为 2 厘米。

步骤一：光标定位到表格最后一行，选择菜单"表格"→"插入"→"行（在下方）"。在插入行的第一个单元格中输入"备注"。

步骤二：光标置于"五月"列上方，光标形状为"⬇"时，单击选择"五月"所在列，鼠标放在选定范围内，按住鼠标拖动内容直到"⁞"出现至"三月"所在单元格，松开鼠标完成移动。选择"二月"所在列，鼠标拖动内容直到"⁞"出现在"六月"所在单元格，松开鼠标完成移动。

步骤三：光标定位到"产品"单元格，右击选择菜单"表格属性"→"列"→"指定列宽：2.1 厘米"单击"确定"按钮。选择"一月"到"六月"6 个单元格，右击选择菜单"表格属性"→"列"→"☑"→"指定列宽：2 厘米"，单击"确定"按钮。

后 3 点同前，略。

第 4 题

【操作要求及解题步骤】

1. 同前，略。

2. 表格行和列的操作。

● 在表格的最后插入一行，在该行的最左边的单元格中输入"对应聘岗位的看法"并适当调整该单元格的宽度，即设置表格"起始日期"行下面 4 行的行高分别为 1 厘米。

步骤一：光标定位表格最后一行外面回车键处，按下键盘上的"Enter"键。

步骤二：在插入行的第一个单元格中输入"对应聘岗位的看法"，选择菜单"表格"→"选择"→"单元格"，拖动该单元格的右框线至合适位置。

步骤三：选择"起始日期"下面 4 行，右击选择菜单"表格属性"→"行"→"指定行高：1 厘米"。

后 3 点同前，略。

第 5 题

【操作要求及解题步骤】

1. 2 同前，略。

3. 合并或拆分单元格。

● 将各行的"性别"与其右侧的单元格分别合并。

选择第二行"男"单元格与右边空白单元格，右击选择菜单"合并单元格"。第 3～9 行，同上操作。

4. 同前，略。

5. 表格边框。

● 取消第 2、4、6、8 行的下边线。

选择表格第二行，按住"Ctrl"键选择表格第 4、6、8 行，设置"表格和边框"工具栏上"线型"为"无边框"，单击"框线"选项按钮，选择"下框线"。

第 6 题

【操作要求及解题步骤】

1. 同前，略。

2. 表格行和列的操作：将"2004 年"一列前的一列（空列）删除；将"乙方案"所在单元格与"甲方案"所在的单元格互换；平均分布各行，平均分布各列。

步骤一：选中"甲方案"3 个字，按快捷键"Ctrl+X"剪切，在"乙方案"所在单元格按快捷键"Ctrl+V"粘贴。选中"乙方案"3 个字，按快捷键"Ctrl+X"剪切，在"甲方案"原来所在单元格按快捷键"Ctrl+V"粘贴。

步骤二：选择整个表格，右击选择菜单"平均分布各行"，右击选择菜单"平均分布各列"。

后 3 点同前，略。

第 7 题

【操作要求及解题步骤】

1. 创建表格并自动套用格式：将光标置于文档第一行，创建一个 7 行 5 列的表格，为新创建的表格自动套用竖列型 4 的格式。

步骤一：鼠标在"2003 年与 2004 年企业景气指数与企业家信心指数对照表"中右击，选择菜单"表格属性"→"表格"→"文字环绕：无"，如图 4-7-1 所示。

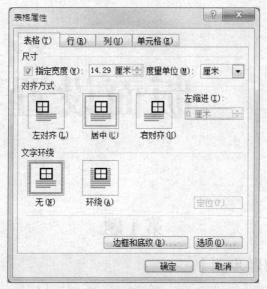

图 4-7-1 设置表格环绕方式

步骤二：光标定位到文档第一行，选择菜单"表格"→"插入"→"表格..."，修改表格尺寸"列数：5，行数：7"，单击"自动套用格式..."按钮，选择表格样式"竖列型 4"。

2、3 同前，略。

4. 表格格式。

● 将"备注"所在的单元格的对齐方式设置为中部居中，其余各单元格的对齐方式设置为中部左对齐；将"备注"所在行的底纹设置为浅黄色。

步骤一：选择整个表格，右击选择菜单"单元格对齐方式"→"中部居中"。

步骤二：光标定位到"新的《国民经济……"单元格，右击选择菜单"单元格对齐方式"→"中部左对齐"。

步骤三：选择"备注"所在行，在"表格和边框"工具栏上，设置底纹颜色为浅黄色。

5. 同前，略。

第五单元
版面设置与编排

第1题

【操作要求及解题步骤】

打开文档A5.doc，按下列要求设置、编排文档的版面如【样文5-1】所示。

1. 页面设置。

● 设置页边距上、下各2厘米，左、右各3厘米。

步骤一：选择"文件"→"页面设置"；打开"页面设置"对话框，如图5-1-1所示。

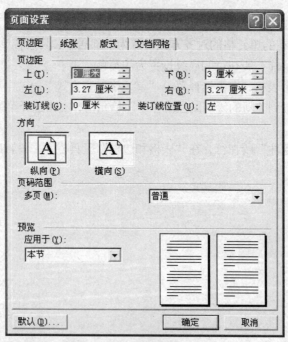

图5-1-1　"页面设置"对话框

步骤二：在"页面设置"对话框中选择页边距，在上、下、左、右边距中分别输入上、下各2厘米，左、右各3厘米，单击"确定"按钮。

2．艺术字。

● 标题"画鸟的猎人"设置为艺术字，艺术字式样为第2行第3列；字体为华文行楷、字号为44；形状为桥形；填充效果为过渡效果，预设雨后初晴；线条为粉红色实线；文字环绕方式为嵌入型。

步骤一：选择标题"画鸟的猎人"文字，并右击选择"剪切"（注意不要选择段落标记符）。

步骤二：选择"插入"→"图片"→"艺术字"，打开"艺术字库"对话框，如图 5-1-2 所示。

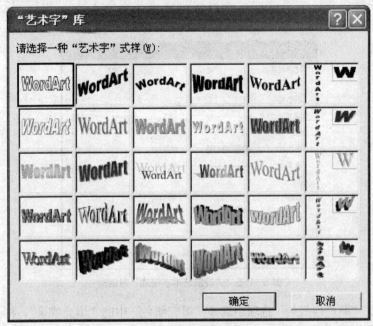

图 5-1-2　艺术字库

步骤三：选择第 2 行第 3 列的样式，单击"确定"按钮，打开如图 5-1-3 所示的对话框。

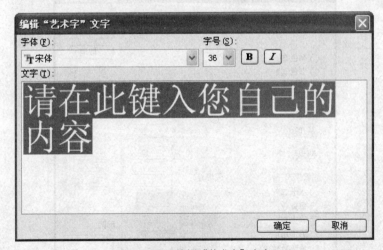

图 5-1-3　编辑"艺术字"文字

步骤四：按住快捷键"Ctrl+V"把剪切的文字粘贴出来，并设置字体为华文行楷，字号为 44。

步骤五：单击"确定"按钮，就可以将艺术字插入到指定的位置，这时还会显示"艺术字"工具栏，如图 5-1-4 所示，选择"艺术字"工具栏中的第 5 个"艺术字形状"工具，选择形状为"桥形"。

图 5-1-4   "艺术字"工具栏

步骤六：选择艺术字工具栏第 4 个工具"设置艺术字格式"，打开如图 5-1-5 所示的"设置艺术字格式"对话框。

图 5-1-5   "设置艺术字格式"对话框

步骤七：在"颜色与线条"选项中选择"填充颜色"中的"填充效果"，打开如图 5-1-6 所示的对话框。

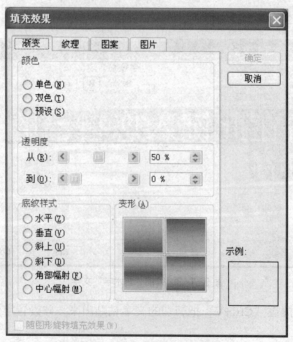

图 5-1-6   "填充效果"对话框

步骤八：选择"预设"按钮，打开如图 5-1-7 所示的对话框，并选择预选颜色为"红日西斜"。

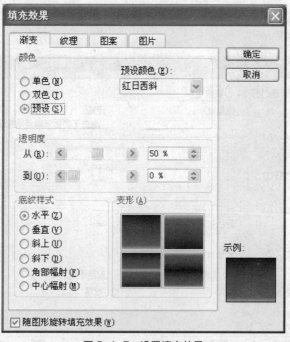

图 5-1-7 设置填充效果

步骤九：在图 5-1-5 所示对话框中选择线条颜色为粉红色。

步骤十：选择"艺术字"工具栏中的第 6 个"文字环绕"工具，设置文字环绕方式为嵌入型。

3．分栏。

● 将正文除第一段外，其余各段设置为两栏格式，栏间距为 3 个字符，加分隔线。

步骤一：选择正文除第一段外的所有段落文字，注意不要选择最后一段的段落标记。

步骤二：选择"格式"→"分栏"命令，打开如图 5-1-8 所示的对话框。

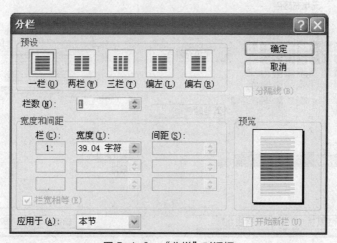

图 5-1-8 "分栏"对话框

步骤三：设置为两栏格式，间距设置为 3 个字符，加分隔线。

4．边框和底纹。

● 为正文最后一段设置底纹，图案式样为 10%；为最后一段添加双波浪型边框。

步骤一：选择正文最后一段的所有文字，选择"格式"→"边框和底纹"命令，打开如图 5-1-9 所示的对话框。

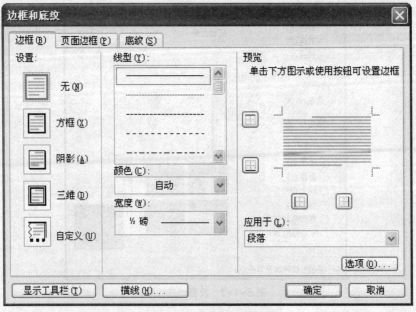

图 5-1-9　设置边框和底纹

步骤二：选择"边框"选项卡，在线型中选择双波浪线。

步骤三：选择"底纹"选项卡，如图 5-1-10 所示。

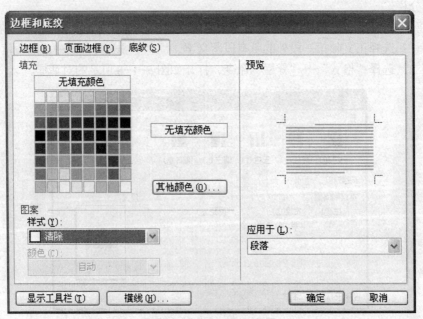

图 5-1-10　设置底纹

步骤四：选择图案式样为 10%。

5．图片。

● 在样文所示位置插入图片 C:\2004KSW\DATA2\pic5-1.bmp，图片缩放为 110%，文

字环绕方式为紧密型。

步骤一：找到样文所示的位置，选择"插入"→"图片"→"来自文件"命令，打开如图 5-1-11 所示的对话框。

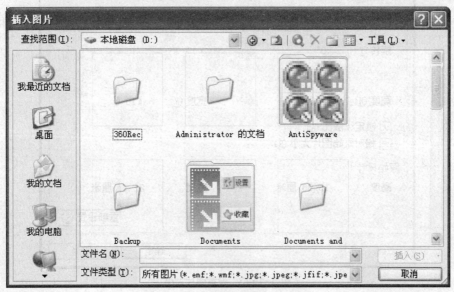

图 5-1-11 "插入图片"对话框

步骤二：选择 pic5-1.bmp 图片所在的位置，单击"插入"按钮就将图片插入到光标所在的位置。

步骤三：选择所插入的图片，双击打开如图 5-1-12 所示的"设置图片格式"对话框。

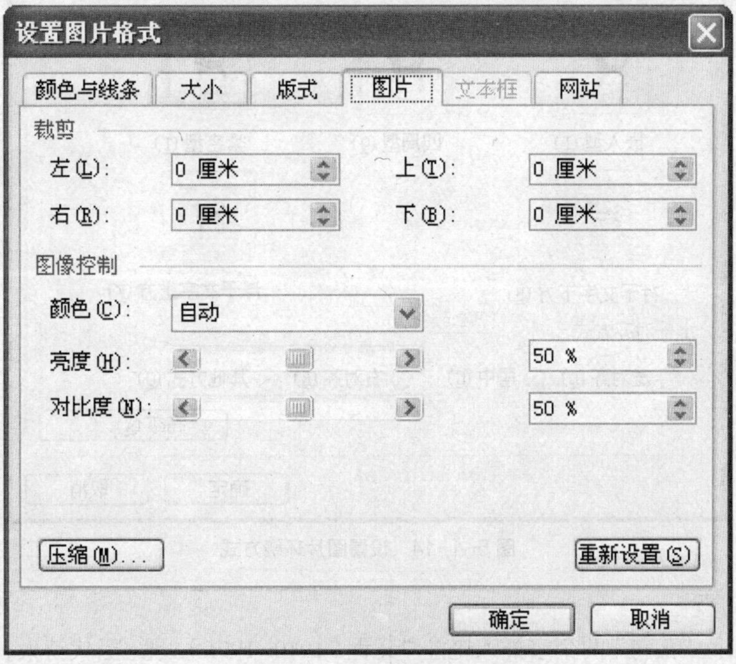

图 5-1-12 "设置图片格式"对话框

步骤四：选择"大小"选项卡，并设置图片缩放为 110%，如图 5-1-13 所示。

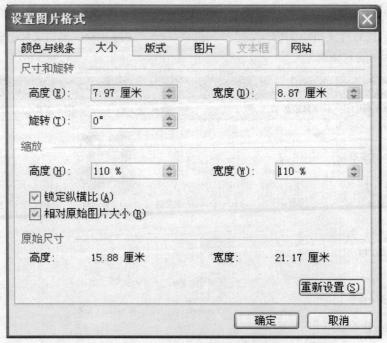

图 5-1-13　设置图片大小

步骤五：选择"版式"选项卡，设置文字环绕方式为紧密型，如图 5-1-14 所示。

图 5-1-14　设置图片环绕方式

6. 脚注和尾注。

● 为第二行"艾青"两个字插入尾注"艾青（1910-1996）：现、当代诗人，浙江金华人。"

步骤一：选择第二行的"艾青"两个字，选择"插入"→"引用"→"脚注和尾注"命令，打开如图 5-1-15 所示的对话框。

图 5-1-15　插入尾注

步骤二：选择"尾注"，单击"插入"按钮，在光标所在的位置输入"艾青（1910–1996）：现、当代诗人，浙江金华人。"

7．页眉和页脚。

● 按样文添加页眉文字，插入页码，并设置相应的格式。

步骤一：选择"视图"→"页眉页脚"命令，这时会打开如图 5-1-16 所示的"页眉页脚"工具栏，正文显示灰色，不可编辑状态，光标处在页眉处，在页眉处输入文字"散文欣赏"，按空格键到右边，输入文字"第页"，在"第"和"页"之间使用"页眉页脚"工具栏的第二个工具"插入页码"。

图 5-1-16　"页眉页脚"工具栏

步骤二：单击"页眉页脚"工具栏中的"关闭"按钮。

第 2 题

【操作要求及解题步骤】

1．省略。

2．艺术字。

● 标题"微生物与人类健康"设置为艺术字，艺术字式样为第 3 行第 4 列；字体为隶书；形状为左牛角型；阴影为阴影样式 14；文字环绕为四周型。

其他步骤省略。

设置阴影为阴影样式 14 的操作步骤如下。

步骤一：在工具栏的空白处，右击选择"绘图"工具栏，在状态栏的上边会显示"绘图"工具栏，如图 5-2-1 所示。

图 5-2-1　绘图工具栏

步骤二：在"绘图"工具栏中选择倒数第 2 个工具"阴影样式"，选择阴影样式 14。注意这时必须选择艺术字。

3. 分栏。

● 将正文第 3 段设置为两栏格式，第 1 栏宽 16 字符，栏间距 2.02 字符，加分隔线。

注意：前面步骤与 5.1 题一样，打开如图 5-1-8 所示的对话框，在对话框中将"栏宽相等"勾选项取消，再设置第 1 栏宽 16 字符，栏间距 2.02 字符，加分隔线。

4. 边框和底纹。

● 为正文第 2 段设置上下框线，线型为双波浪线。

注意：打开"边框和底纹"对话框后，先选择"自定义"选项，将选择好的线型应用于上下两个方向，左右两边不要应用。

其他操作方法同前，省略。

第 3 题

【操作要求及解题步骤】

1. 页面设置。

● 纸型为自定义大小，宽度为 23 厘米，高度为 30 厘米；页边距上、下各 3 厘米，左、右各 3.5 厘米。

打开"页面设置"对话框，选择"纸张"选项卡，打开如图 5-3-1 所示的对话框，选择自定义大小，设置宽度为 23 厘米，高度为 30 厘米。

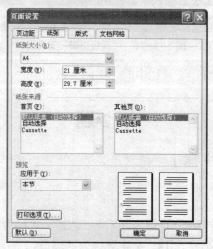

图 5-3-1　设置纸张大小

2、3 同前，略。

4. 边框和底纹。

● 为正文第一段设置底纹，图案式样为深色上斜线，颜色为淡蓝色。

步骤一：选择正文第一段的所有文字，选择"格式"→"边框和底纹"命令，打开如图 5-1-9 所示的对话框。

步骤二：选择"底纹"选项卡，在"图案"样式中选择"深色上斜线"，在下面的"颜色"框中选择"淡蓝色"，如图 5-3-2 所示。注意：当要求设置图案样式，并设置颜色时，不能选择上面的填充颜色，而是选择下面的颜色。

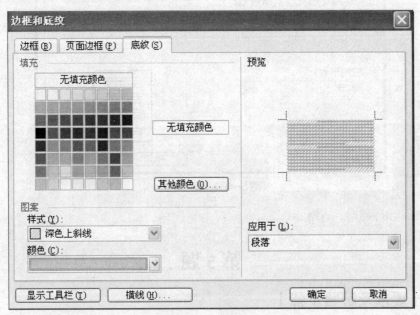

图 5-3-2　设置底纹

其他操作步骤同前，省略。

第 4 题

【操作要求及解题步骤】

1. 页面设置：纸型为自定义大小，宽度为 22 厘米，高度为 30 厘米；页边距上下各 3 厘米，左右各 3.5 厘米。

打开"页面设置"对话框，选择"页边距"选项卡，打开如图 5-4-1 所示的对话框，设置页边距上下各 3 厘米，左右各 3.5 厘米。注意，一定要选择应用于"本节"选项，如不做选择则文字内容将会被分成两页。

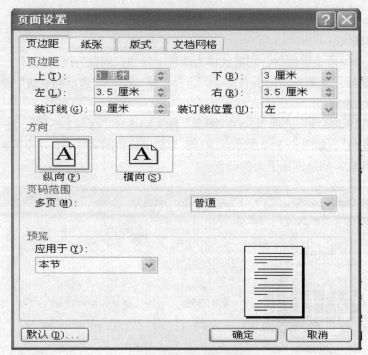

图 5-4-1　页面设置

其他操作步骤同前，省略。

第 5 题

【操作要求及解题步骤】

1、2 操作步骤同前，省略。

3. 分栏：将正文从第二段起至最后一段设置为两栏格式，预设偏左。

注意：在如图 5-1-8 所示的对话框中选择预设偏左。

第 6 题

【操作要求及解题步骤】

1. 省略。

2. 艺术字。

● 标题"黄山冬季"设置为艺术字，艺术字式样为第 5 行第 1 列；字体为华文中宋；填充色为黄色，线条色为红色；形状为陀螺形；排列方式为竖排：阴影为阴影样式 1；环绕方式为四周型。

其他步骤省略，设置"填充色为黄色、线条色为红色"的操作步骤如下。

注意：不能首先设置线条色，设置"阴影样式 1"才能设置。

设置"阴影样式 1"后，选择艺术字工具栏第 4 个工具"设置艺术字格式"，打开如图 5-1-5 所示的"设置艺术字格式"对话框，分别设置填充色和线条颜色。

其余操作步骤同前，省略。

PART 6

第六单元
工作簿操作

第 1 题

【操作要求及解题步骤】

打开文档 TF6-1.xls，按如下要求进行操作。

一、设置表格格式

1. 设置工作表行、列。

在标题行下方插入一行，行高为 6。

选择行标"3"（标题文字下方），右键选择"插入"命令，再单击菜单"格式"中的子选项"行高"，设置数字参数 6，如图 6-1-1 和图 6-1-2 所示。

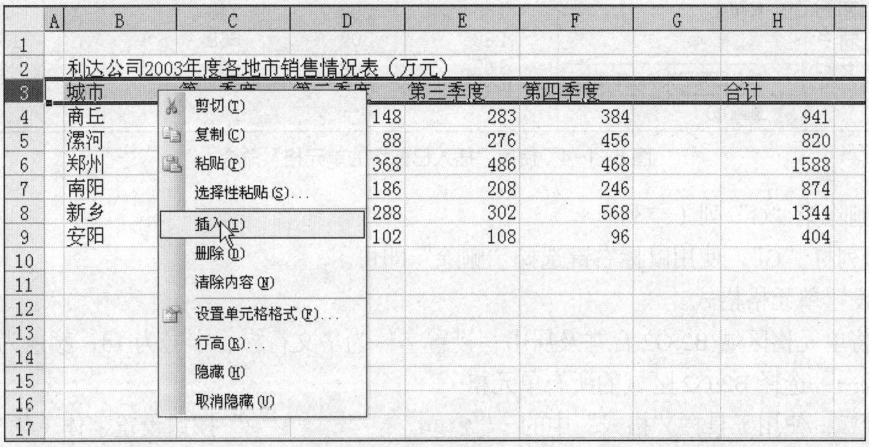

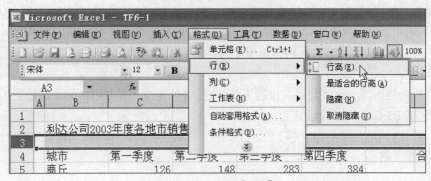

图 6-1-1 使用"插入"命令

图 6-1-2 设置"行高"

● 将"郑州"一行移至"商丘"一行的上方。

步骤一：选择"郑州"所在行标"6"，使用鼠标右键选择"剪切"，效果如图 6-1-3 所示。

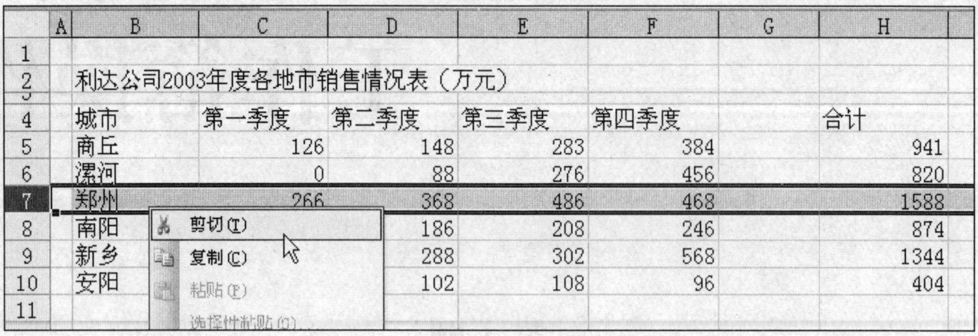

	A	B	C	D	E	F	G	H
1								
2	利达公司2003年度各地市销售情况表（万元）							
4	城市		第一季度	第二季度	第三季度	第四季度		合计
5	商丘		126	148	283	384		941
6	漯河		0	88	276	456		820
7	郑州		266	368	486	468		1588
8	南阳	剪切(T)		186	208	246		874
9	新乡	复制(C)		288	302	568		1344
10	安阳	粘贴(P)		102	108	96		404
11		选择性粘贴(U)						

图 6-1-3　使用"剪切"命令

步骤二：选择"商丘"所在行标"4"，使用鼠标右键选择"插入已剪切的单元格"，如图 6-1-4 所示。

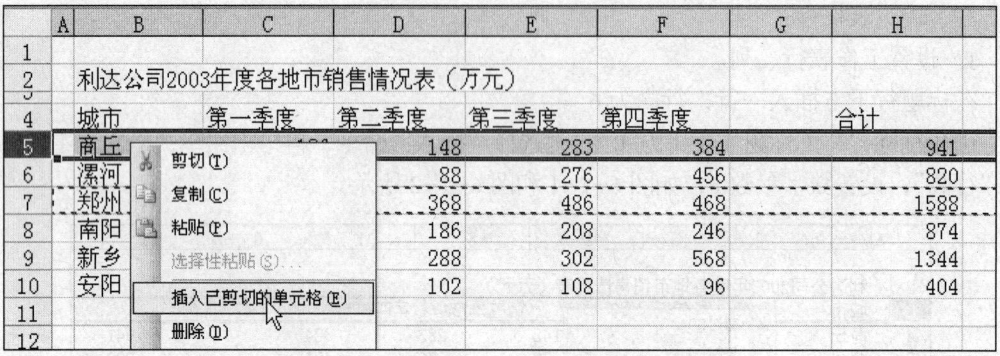

	A	B	C	D	E	F	G	H
1								
2	利达公司2003年度各地市销售情况表（万元）							
4	城市		第一季度	第二季度	第三季度	第四季度		合计
5	商丘			148	283	384		941
6	漯河	剪切(T)		88	276	456		820
7	郑州	复制(C)		368	486	468		1588
8	南阳	粘贴(P)		186	208	246		874
9	新乡	选择性粘贴(S)...		288	302	568		1344
10	安阳			102	108	96		404
11		插入已剪切的单元格(E)						
12		删除(D)						

图 6-1-4　使用"插入已剪切的单元格"命令

● 删除第"G"列（空列）。

选择列标"G"，使用鼠标右键选择"删除"即可。

2. 设置单元格格式。

● 将单元格区域 B2:G2 合并及居中；设置字体为华文行楷，字号为 18，颜色为靛蓝。

步骤一：选择 B2:G2 区域的所有单元格。

步骤二：使用工具栏"格式"中的　"华文行楷　　　　　▼ 18 ▼"按钮设置字体（华文行楷）与字号（18），使用"国"按钮设置合并及居中，使用"A·"按钮设置文字颜色（靛蓝）

● 将单元格区域 B4:G4 的对齐方式设置为水平居中。将单元格区域 B4:B10 的对齐方式设置为水平居中。

选择 B4:G4 区域的所有单元格，使用工具栏"格式"中的"三"按钮设置居中，B4:B10设置同前，略。

● 将单元格区域 B2:G3 的底纹设置为淡蓝色。将单元格区域 B4:G4 的底纹设置为浅黄色。将单元格区域 B5:G10 的底纹设置为棕黄色。

选择 B2:G3 区域的所有单元格，使用工具栏"格式"中的"🎨"按钮设置底纹（淡蓝色），其余设置同前，略。

3．设置表格边框线。

● 将单元格区域 B4:G10 的上边线设置为靛蓝色的粗实线，边线设置为细实线，内部框线设置为虚线。

步骤一：选择 B4:G10 区域的所有单元格，单击菜单"格式"中的"单元格"命令，在其"边框"选项中进行设置。

步骤二：先确定线型（虚线或实线），再确定颜色（默认为靛蓝），最后使用边框按钮确定设置边框，如图 6-1-5 所示。

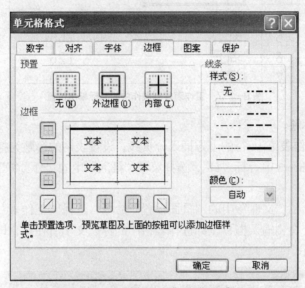

图 6-1-5 设置"单元格"的"边框"格式

4．插入批注。

● 为"0"(C7)单元格插入批注"该季度没有进入市场"。

单击 C7 单元格，使用菜单"插入"中的"批注"命令，输入批注文字。

5．重命名并复制工作表。

● 将 Sheet1 工作表重命名为"销售情况表"，并将此工作表复制到 Sheet2 工作表中。

步骤一：单击 Sheet1，右键选择"重命名"选项，直接键入新的工作表名称"销售情况表"，如图 6-1-6 所示。

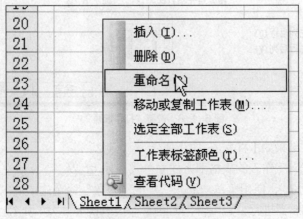

图 6-1-6 重命名工作表

步骤二：单击"销售情况表"左上角位置（A1 左侧），进行复制操作，再单击 Sheet2 中左上角位置（A1 左侧），进行粘贴操作，即可完成，如图 6-1-7 所示。

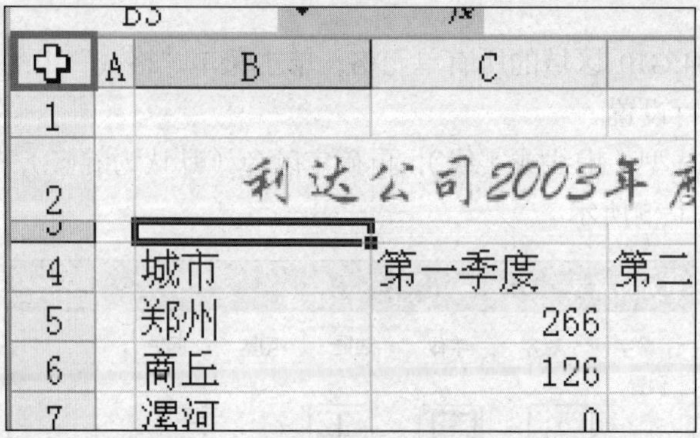

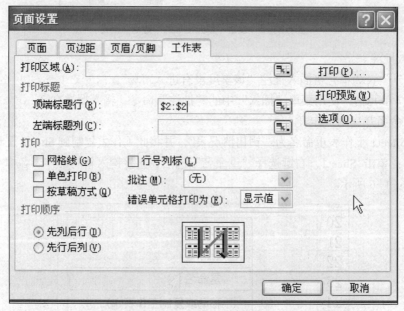

图 6-1-7　工作表复制操作中的鼠标单击位置

6．设置打印标题。

● 在 Sheet2 工作表第 11 行的上方插入分页线，设置表格的标题为打印标题。

步骤一：单击 Sheet2 中行标"11"，选择菜单"插入"中的"分页符"命令，即可插入分页线。

步骤二：单击菜单"文件"中的"页面设置"命令，选择"工作表"选项，单击打印标题中的"顶端标题"右侧输入框，鼠标选择表格中的标题文字所在行，即可完成打印标题设置，如图 6-1-8 所示。

图 6-1-8　设置"打印标题"

二、建立公式，结果如【样文 6-1B】所示

在"销售情况表"工作表的表格下方建立公式：$A \subseteq B$。

单击"销售情况表"，使用菜单"插入"中的"对象"命令选中的"Microsoft 公式编辑器 3.0"，使用公式编辑器进行公式编辑，如图 6-1-9 和图 6-1-10 所示。

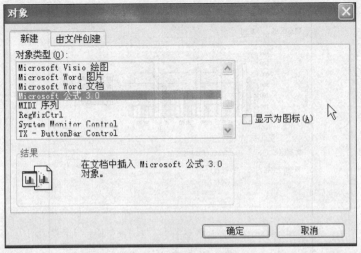

图 6-1-9　插入公式对象

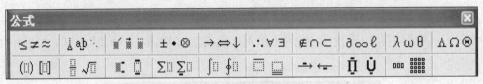

图 6-1-10　公式编辑器

三、建立图表，结果如【样文 6-1C】所示

使用各城市 4 个季度的销售数据，创建一个三维簇状柱形图。

步骤一：选择 B4：F10 区域的所有单元格（不包含合计列），单击菜单"插入"中的"图表"命令，进入图表向导引导界面。

步骤二：图表向导 1-设置图表类型（选择"柱形图"类型中的子类型"簇状柱形图"），单击"下一步"按钮，如图 6-1-11 所示。

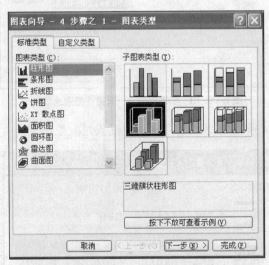

图 6-1-11　图表向导 1—设置"图表选项"

步骤三：图表向导 2-确定图表源数据（确定"数据区域"与"系列"产生位置），单击"下一步"按钮，如图 6-1-12 所示。

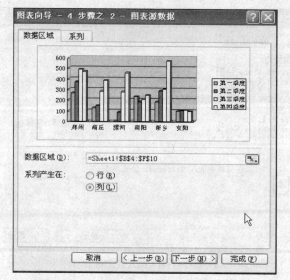

图 6-1-12　图表向导 2—设置"图表源数据"

步骤四：图表向导 3—设置图表选项（输入标题文字），单击"下一步"按钮，如图 6-1-13 所示。

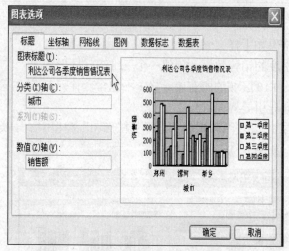

图 6-1-13　图表向导 3—设置"图表选项"

步骤五：图表向导 4—确定图表位置（以对象插入对应工作表中），如图 6-1-14 所示。

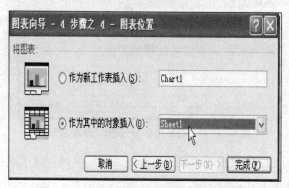

图 6-1-14　图表向导 4—设置"图表位置"

第 2 题

【操作要求及解题步骤】

打开文档 TF6-2.xls，按如下要求进行操作。

一、设置工作表及表格，结果如【样文 6-2A】所示

1. 设置工作表行、列。

● 调整第 "C" 列的宽度为 11.88。

选择列标 "C"，右键单击 "列宽" 命令，设置宽度为 "11.88"，如图 6-2-1 所示。

图 6-2-1　设置 "列宽"

2. 设置单元格格式。

● 将单元格区域 B2:G2 合并及居中；设置字体为华文行楷，字号为 20，字体颜色为蓝-灰。

同前，略。

● 将单元格区域 D6:G13 应用货币符号￥，负数格式为-1,234.10（红色）。

步骤一：选择 D6:G13 范围中所有单元格，单击菜单 "格式" 中的 "单元格" 命令。

步骤二：在 "数字" 选项中选择 "货币" 分类，设置对应符号与负数格式，如图 6-2-2 所示。

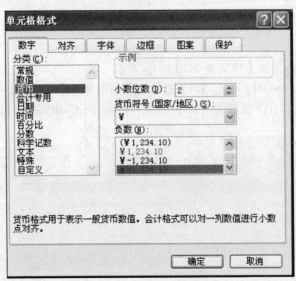

图 6-2-2　设置 "货币" 格式

3、4、5、6 同前，略。

二、建立公式

同前，略。

三、建立图表，结果如【样文 6-2C】所示

使用"预计支出"一列中的数据创建一个饼图。

步骤一：选择 E5：E12 区域的所有单元格（不包含"总和"单元格），单击菜单"插入"中的"图表"命令，进入图表向导引导界面。

步骤二：按照图表向导设置方法同前，略。

步骤三：将标题移到下方。

第 3 题

【操作要求及解题步骤】

打开文档 TF6-3.xls，按如下要求进行操作。

一、设置工作表及表格，结果如【样文 6-3A】所示

1. 设置工作表行、列。

● 在标题行下方插入一行，设置行高为 9.00。

同前，略。

● 将"工程测量"一列与"城镇规划"一列位置互换。

步骤一：选择"工程测量"列标"F"，右键选择"剪切"命令，再次选择"城镇规划"列标"D"，右键选择"插入已剪切的单元格"。

步骤二：选择"城镇规划"列标"E"，右键选择"剪切"命令，选择"仪器维修"列标"G"，右键选择"插入已剪切的单元格"。

● 删除"98D005"行下方的一行（空行）。

同前，略。

其余 6 点同前，略。

二、建立公式

同前，略。

三、建立图表，结果如【样文 6-3C】所示

使用单元格区域"B4:B12"和"D4:G12"的数据创建一个散点图。

操作提示：选择 B4:B12 区域的所有单元格，按住"Ctrl"键同时，再次选择 D4:G12 区域内所有单元格。

PART 7

第七单元
数据计算

第 1 题

【操作要求及解题步骤】

打开文档 TF7-1.xls，按如下要求进行操作。

1. 将光标放在"总分"下面的"G3"单元格中，单击"插入"菜单，选择"插入函数"命令，在打开的对话框中选择"SUM"函数，然后单击"确定"按钮，如图 7-1-1 所示。

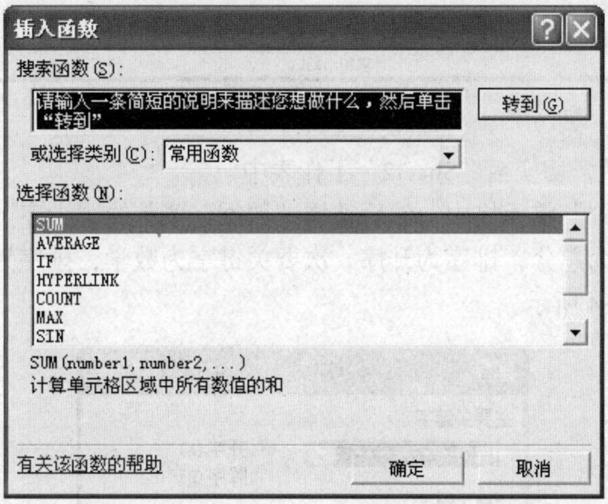

图 7-1-1　插入函数

在"函数参数"对话框中选择参数范围为"C3:F3"，然后单击"确定"按钮，如图 7-1-2 所示。

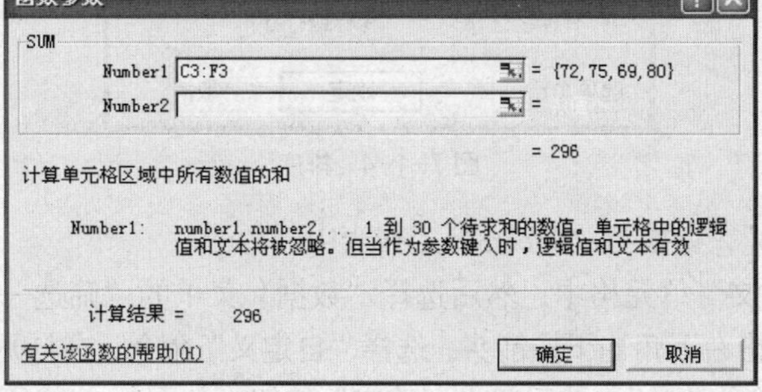

图 7-1-2　输入函数参数

　　然后用鼠标左键选定"G3"单元格右下角的"填充柄",按住左键不动并向下拖动至"G14"单元格中,再松开左键,如图7-1-3所示。

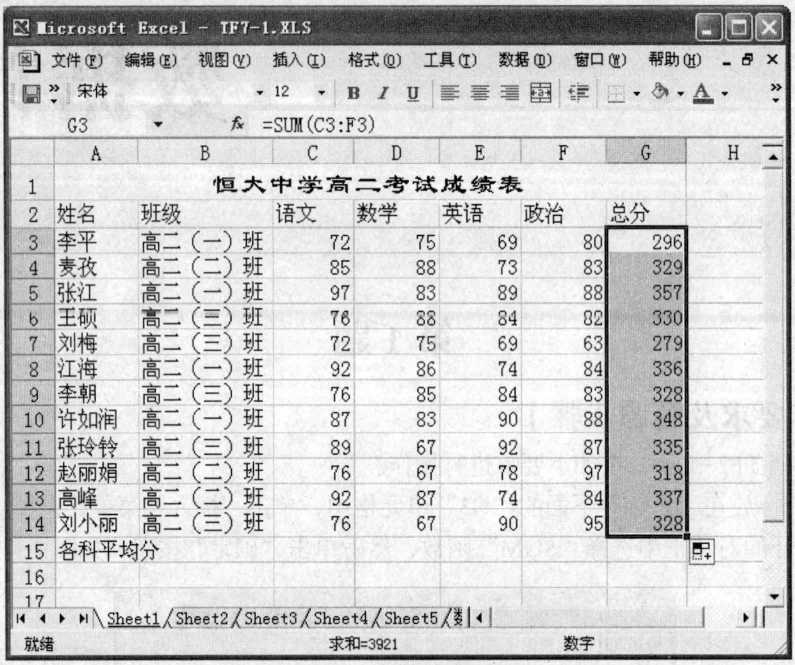

图 7-1-3　函数的填充

2. 单击"Sheet2",切换至"Sheet2"工作表中。

　　将光标放在"总分"单元格中,然后选择"数据"菜单的"排序"命令,在打开的对话框中选择主要关键字为总分,排序为升序,次要关键字为数学,排序为升序,然后单击"确定"按钮,如图7-1-4所示。

图 7-1-4　排序

3. 单击"Sheet3",切换至"Sheet3"工作表中。

　　将光标放在"语文"单元格中,然后选择"数据"菜单的"筛选—自动筛选"命令,然后单击"语文"单元格右下角的下拉箭头,选择"自定义"命令,在打开的对话框中选择"大于或等于",在后面输入"80",然后单击"确定"按钮,如图7-1-5所示。

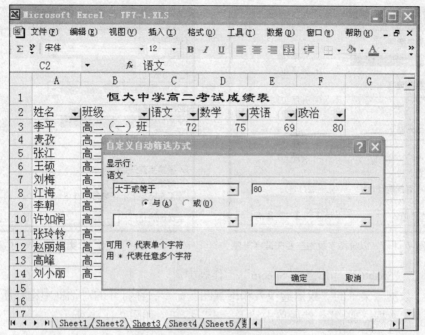

图 7-1-5 自动筛选

4. 单击"Sheet4", 切换至"Sheet4"工作表中。

单击"I3"单元格, 将鼠标放在"I3"单元格中, 然后单击"数据"菜单的"合并计算"命令, 打开"合并计算"对话框, 设置函数为平均值, 引用位置为"B3: F14", "标签位置"最左列打上勾, 然后单击"确定"按钮即可, 如图 7-1-6 所示。

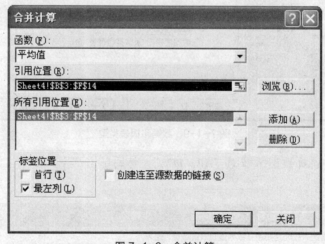

图 7-1-6 合并计算

5. 单击"Sheet5", 切换至"Sheet5"工作表中。

单击"B2"单元格, 将鼠标放在"班级"上, 然后单击"数据"菜单的"排序"命令, 在"排序"对话框中, 选择"主要关键字"为"班级", 顺序为"降序"(按照样文来进行排序), 然后单击"确定"按钮, 如图 7-1-7 所示。接下来再单击"数据"菜单的"分类汇总"命令, 在打开的对话框中选择分类为字段"班级", 汇总方式为"平均值", 选定汇总项为"语文、数学、英语、政治", 然后单击"确定"按钮即可, 如图 7-1-8 所示。

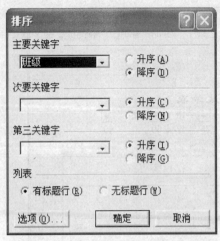

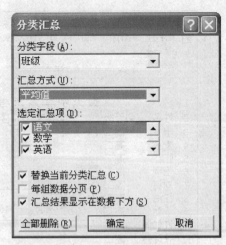

图 7-1-7 以分类字段为主要关键字排序　　　　　图 7-1-8 分类汇总

6. 单击 "Sheet6"，切换至 "Sheet6" 工作表中。

单击 "数据" 菜单的 "数据透视表和透视图" 命令，在打开的对话框中选择所需创建的报表类型为 "数据透视表"，然后单击 "下一步" 按钮，如图 7-1-9 所示。

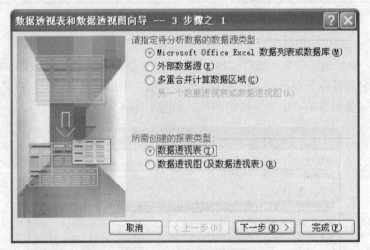

图 7-1-9 数据和报表类型

在选定区域中选择数据区域为 "A2：D23"，然后单击 "下一步" 按钮，如图 7-1-10 所示。

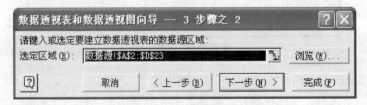

图 7-1-10 数据源区域

单击 "布局" 按钮，在布局对话框中将 "班级" 拖曳至 "页"，"日期" 拖曳至 "行"，"姓名" 拖曳至 "列"，"迟到" 拖曳至 "数据"，如图 7-1-11 所示。然后双击 "迟到"，在汇总方式中将其改为 "计数"， 然后单击 "确定" 按钮，如图 7-1-12 所示。

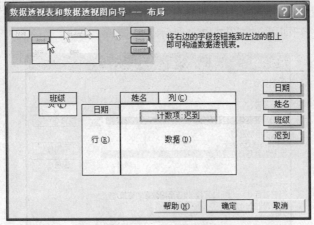

图 7-1-11　透视表的布局

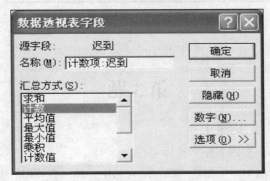

图 7-1-12　汇总方式

在数据透视表显示位置中选择"现有工作表",然后选择"Sheet6!A1"单元格,单击"完成"按钮,如图 7-1-13 所示。

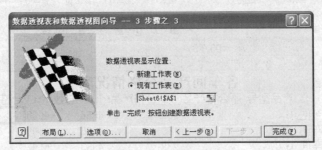

图 7-1-13　显示位置

第 2 题

【操作要求及解题步骤】

前 3 点省略。

4. 单击"Sheet4",切换至"Sheet4"工作表中。

单击"A20"单元格,将鼠标放在"A20"单元格中,然后单击"数据"菜单的"合并计算"命令,打开"合并计算"对话框,选择"函数"为求和,"引用位置"第一个为"A3:E7",

并单击"添加"按钮,第二个为"A11:E16",单击"添加"按钮,"标签位置"最左列打上勾,然后单击"确定"按钮即可,如图7-2-1所示。

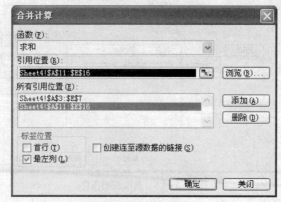

图 7-2-1　合并计算

后两点省略。

第 3 题

【操作要求及解题步骤】

打开文档 TF7-3.xls,按如下要求进行操作。

1. 将光标放在"合格率"下面的"F3"单元格中,然后在"F3"中输入公式"=D3/E3",然后按回车键即可(合格率=合格产品÷总数),如图7-3-1所示。

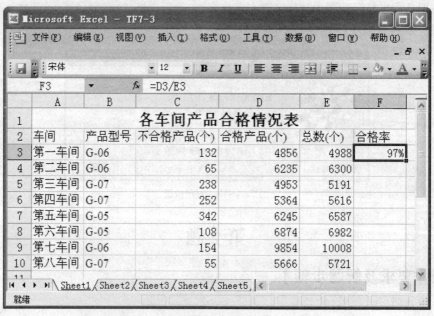

图 7-3-1　输入公式

接下来拖动"F3"单元格右下角的填充柄向下填充至"F10"单元格。

后 5 点省略。

第 4 题

【操作要求及解题步骤】

打开文档 TF7-4.xls，按如下要求进行操作。

1. 将光标放在"最大值"下面的"H3"单元格中，单击"插入"菜单，选择"插入函数"命令，在打开的对话框中选择"MAX"函数，在"函数参数"对话框中选择参数范围为"C3:G3"，然后单击"确定"按钮。

拖动"H3"单元格右下角的填充柄向下填充至"H10"单元格。

将光标放在"C11"单元格中，单击"插入"菜单，选择"插入函数"命令，在打开的对话框中选择"SUM"函数，在"函数参数"对话框中选择参数范围为"C3:C10"，然后单击"确定"按钮。拖动"C11"单元格右下角的填充柄向右填充至"G11"单元格。

后 5 点省略。

第 5 题

【操作要求及解题步骤】

打开文档 TF7-5.xls，按如下要求进行操作。

1. 将光标放在"最小值"下面的"G3"单元格中，单击"插入"菜单，选择"插入函数"命令，在打开的对话框中选择"MIN"函数，在"函数参数"对话框中选择参数范围为"C3:F3"，然后单击"确定"按钮。拖动"G3"单元格右下角的填充柄向下填充至"G11"单元格。

2. 将光标放在"C12"单元格中，单击"插入"菜单，选择"插入函数"命令，在打开的对话框中选择"SUM"函数，在"函数参数"对话框中选择参数范围为"C3:C11"，然后单击"确定"按钮。拖动"C12"单元格右下角的填充柄向右填充至"F12"单元格。

后 5 点省略。

第 6 题

【操作要求及解题步骤】

打开文档 TF7 6.xls，按如下要求进行操作。

1. 将光标放在"进货总额"下面的"F3"单元格中，在"F3"中输入公式"=C3*D3"，按回车键即可（进货总额=单价×进货数量）。

2. 将光标放在"折损总额"下面的"G3"单元格中，在"G3"中输入公式"=C3*E3"，按回车键即可（折损总额=单价×折损数量）。

后 5 点省略。

第 7 题

【操作要求及解题步骤】

前 3 点省略。

4. 单击"Sheet4",切换至"Sheet4"工作表中。

单击"D28"单元格,将鼠标放在"D28"单元格中,然后单击"数据"菜单的"合并计算"命令,打开"合并计算"对话框,设置"函数"为求和,"引用位置"为"D3:D11"、"J3:J11"、"D16:D24"(需要添加3次引用位置),然后单击"确定"按钮即可,如图7-7-1所示。

图 7-7-1 合并计算

第 8 题

【操作要求及解题步骤】

前 5 点省略。

6. 单击"Sheet6",切换至"Sheet6"工作表中。

单击"数据"菜单中的"数据透视表和透视图"命令,在打开的对话框中选择所需创建的报表类型为"数据透视图(及数据透视表)",单击"下一步"按钮,在选定区域中选择数据区域为"A2:G13",单击"下一步"按钮,单击"布局"按钮,在布局对话框中将"职称"拖曳至"行","评教得分"拖曳至"数据",然后双击"评教得分",在汇总方式中将其改为"平均值",单击"确定"按钮。在数据透视表显示位置中选择"现有工作表",选择"Sheet6!A1"单元格,然后单击"完成"按钮。

第 9 题

【操作要求及解题步骤】

打开文档 TF7-9.xls,按如下要求进行操作。

1. 将光标放在"总人数"右边的"B17"单元格中,单击"插入"菜单,选择"插入函数"命令,在打开的对话框中选择"COUNT"函数,在"函数参数"对话框中选择参数范围为"E3:E15",然后单击"确定"按钮。

2. 将光标放在"平均成绩"右边的"E17"单元格中,单击"插入"菜单,选择"插入函数"命令,在打开的对话框中选择"AVERAGE"函数,在"函数参数"对话框中选择参数范围为"E3:E15",然后单击"确定"按钮。

后 5 点省略。

PART 8

第八单元
综合应用

第 1 题

【操作要求及解题步骤】

打开文档 TF8-1.doc，按如下要求进行操作。

1. 在 MS Excel 中打开文件 TF8-1A.xls，选择"B2：H8"区域并复制，然后在 TF8-1.doc 文档中将鼠标定位在标题"恒大中学 2004 年秋季招生收费标准"下，再单击"编辑"菜单下的"选择性粘贴"命令，在打开的对话框中选择"Microsoft Office Excel 工作表对象"，然后单击"确定"按钮即可，如图 8-1-1 所示。

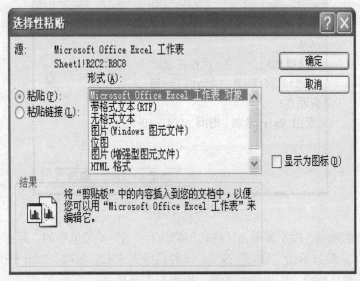

图 8-1-1 "选择性粘贴"对话框

2. 用鼠标选中标题"恒大中学各地招生站及联系方式"下的文本，然后单击"表格"菜单下"转换"子菜单中的"文本转换为表格"命令，表格尺寸设为"3 列 7 行"，固定列宽为"4 厘米"，文字分隔位置为"制表符"，如图 8-1-2 所示。

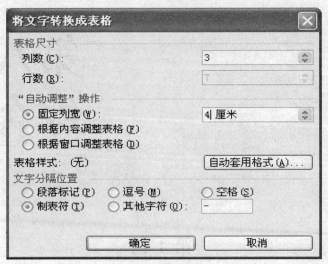

图 8-1-2　转换对话框

3．在 Excel 中新建一个文件，文件名为 A8-A.xls，并保存在指定文件夹中。

单击"工具"菜单下的"宏"子菜单下的"录制新宏"命令，在打开的对话框中设置宏名为"A8A"，单击快捷键下的文本框，按下"Shift+F"组合键，将快捷键设置为"Ctrl+Shift+F"，单击"确定"按钮，如图 8-1-3 所示。

图 8-1-3　录制新宏

现在开始宏的录制，接下来单击"格式"菜单下"列"子菜单中的"列宽"命令，将"列宽"设置为"20"，然后单击"确定"按钮。此时已经完成宏的录制，如图 8-1-4 所示。单击录制工具栏上的停止按钮，即可停止录制，如图 8-1-5 所示。

图 8-1-4　列宽

图 8-1-5　停止按钮

4. 打开文件 TF8-1B.doc，选择"文件"菜单下的"另存为"命令，将文件保存在指定文件夹下，保存文件名为 A8-B.doc。

单击"视图"菜单下"工具栏"子菜单中的"邮件合并"，打开邮件合并工具栏，如图 8-1-6 所示。

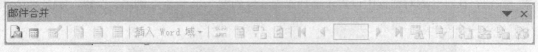

图 8-1-6 邮件合并工具栏

单击"邮件合并"工具栏上的第一个按钮 ，在打开的对话框中选择文档类型为"信函"。单击第二个按钮 ，打开数据源，在打开的对话框中选择数据源文件"TF8-1C.xls"并打开。单击第 6 个按钮 ，在主文档对应的位置上插入域，如图 8-1-7 所示。

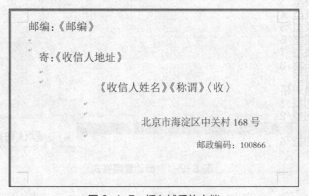

图 8-1-7 插入域后的文档

单击倒数第 4 个按钮 ， 在打开的对话框中选择合并记录为"全部"，然后单击"确定"按钮。这时会新生成一个名为"字母 1"的文档，这即是合并后的文档，然后将该文档另存到指定的文件夹中，文件名为"A8-C.doc"，如图 8-1-8 所示。

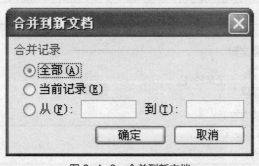

图 8-1-8 合并到新文档

第 2 题

【操作要求及解题步骤】

打开文档 TF8-2.doc，按如下要求进行操作。

1. 在 MS Excel 中打开文件 TF8-2A.xls，选择"B2：H10"区域并复制，然后在 TF8-2.doc 文档中将鼠标定位在标题"恒大中学初三年级期终考试成绩表"下，单击"编辑"菜单下的

"选择性粘贴"命令，在打开的对话框中选择"Microsoft Office Excel 工作表对象"，然后单击"确定"按钮即可。

2. 用鼠标选中标题"宏达机械厂办公楼日常维护计划"下的文本，单击"表格"菜单下"转换"子菜单中的"文本转换为表格"命令，表格尺寸设为"3 列 6 行"，单击"自动套用格式"按钮，在打开的对话框中设置表格样式为"竖列型 3"，单击"确定"按钮，如图 8-2-1 所示。设置文字分隔位置为"制表符"，单击"确定"按钮。

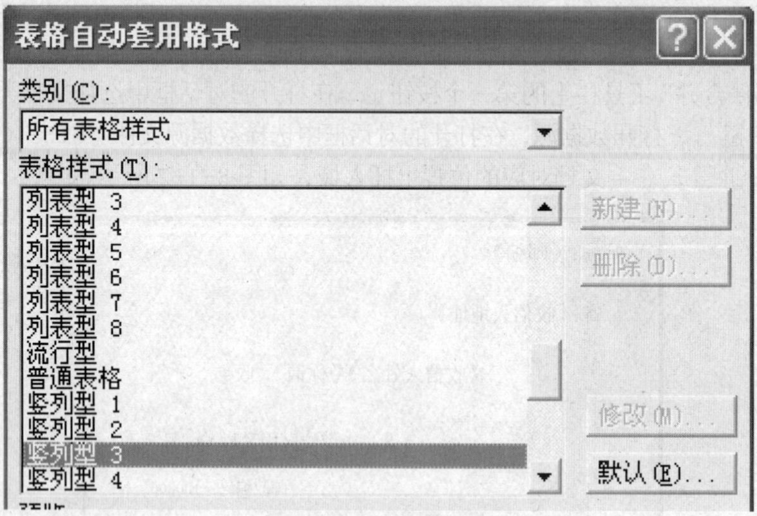

图 8-2-1　自动套用格式

3. 在 Word 中新建一个文件，文件名为 A8-A.doc，并保存在指定文件夹中。

单击"工具"菜单下的"宏"子菜单下的"录制新宏"命令，在打开的对话框中设置宏名为"A8A"，将"宏保存在"设置为"A8-A.doc"，如图 8-2-2 所示。

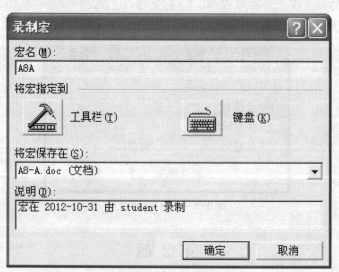

图 8-2-2　录制宏

然后单击键盘按钮，在打开的对话框中单击"请按新快捷键"下的文本框，然后按下"Ctrl+Shift+F"组合键。再单击"指定"按钮，然后单击"关闭"按钮，如图 8-2-3 所示。

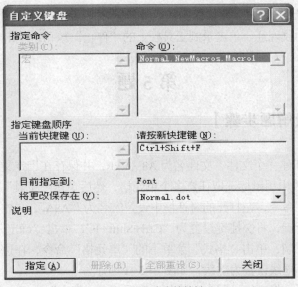

图 8-2-3 定义快捷键

现在开始宏的录制，单击"视图"菜单下"工具栏"子菜单中的"数据库"命令，将"数据库"工具栏打开。此时已经完成宏的录制，单击录制工具栏上的停止按钮，即可停止录制。单击"保存"按钮。

第 3 题

【操作要求及解题步骤】

前 2 点略。

3. 在 Excel 中新建一个文件，文件名为 A8-A.xls，并保存在指定文件夹中。

单击"工具"菜单下的"宏"子菜单下的"录制新宏"命令，在打开的对话框中设置宏名为"A8A"，单击"快捷键"下的文本框，按下"Shift+F"组合键，将快捷键设置为"Ctrl+Shift+F"，然后单击"确定"按钮。

现在开始宏的录制，单击"格式"菜单下"行"子菜单中的"行高"命令，将"行高"设置为"20"，然后单击"确定"按钮。此时已经完成宏的录制，单击录制工具栏上的"停止"按钮，即可停止录制。单击"保存"按钮。

第 4 题

【操作要求及解题步骤】

前 2 点略。

3. 在 Word 中新建一个文件，文件名为 A8-A.doc，并保存在指定文件夹中。

单击"工具"菜单下的"宏"子菜单下的"录制新宏"命令，在打开的对话框中设置"宏名"为"A8A"，将"宏保存在"设置为"A8-A.doc"，单击键盘按钮，在打开的对话框中单击"请按新快捷键"下的文本框，按下"Ctrl+Shift+F"组合键。再单击"指定"按钮，单击"关闭"按钮。

现在开始宏的录制，单击"格式"菜单下的"字体"命令，设置中文字体为黑体，字号为小四，字体颜色为玫瑰红。单击录制工具栏上的"停止"按钮，单击"保存"按钮。

第 5 题

【操作要求及解题步骤】

前 2 点略。

3. 在 Excel 中新建一个文件，文件名为 A8-A.xls，并保存在指定文件夹中。

在 Sheet1 工作表中用鼠标选取任意多个单元格，然后单击"工具"菜单下的"宏"子菜单下的"录制新宏"命令，在打开的对话框中设置宏名为"A8A"，单击快捷键下的文本框，按下"Shift+F"组合键，将快捷键设置为"Ctrl+Shift+F"，单击"确定"按钮。

现在开始宏的录制，单击"格式"菜单下的"单元格"命令，在边框选项卡下，将边框设置为粗实线，内部框线设置为虚线，如图 8-5-1 所示。

在图案选项卡下，将底纹设置为淡蓝色，然后单击"确定"按钮，如图 8-5-2 所示。此时已经完成宏的录制，单击录制工具栏上的停止按钮，即可停止录制，单击"保存"按钮。

图 8-5-1 设置边框

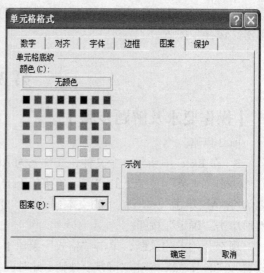

图 8-5-2 设置底纹

第 6 题

【操作要求及解题步骤】

前 2 点略。

3. 在 Word 中新建一个文件，文件名为 A8-A.doc，并保存在指定文件夹中。

单击"工具"菜单下的"宏"子菜单下的"录制新宏"命令，在打开的对话框中设置宏名为"A8A"，将"宏保存在"设置为"A8-A.doc"。然后单击键盘按钮，在打开的对话框中单击"请按新快捷键"下的文本框，按下"Ctrl+Shift+F"组合键。再单击"指定"按钮，然后单击"关闭"按钮。

现在开始宏的录制，单击"格式"菜单下的"段落"命令，将行距设置为固定值 18 磅，段落间距设置为段前、段后各 1 行。此时已经完成宏的录制，单击录制工具栏上的停止按钮，即可停止录制。单击"保存"按钮。

第 7 题

【操作要求及解题步骤】

前 2 点略。

3. 在 Word 中新建一个文件，文件名为 A8-A.doc，并保存在指定文件夹中。

单击"工具"菜单下的"宏"子菜单下的"录制新宏"命令，在打开的对话框中设置宏名为"A8A"，将"宏保存在"设置为"A8-A.doc"。然后单击键盘按钮，在打开的对话框中单击"请按新快捷键"下的文本框，按下"Ctrl+Shift+F"组合键。再单击"指定"按钮，然后单击"关闭"按钮。

现在开始宏的录制，单击"格式"菜单下的"单元格"命令，将水平对齐设置为居中，垂直对齐设置为居中，文本控制中合并单元格前的单选框打上勾，然后单击"确定"按钮，如图 8-7-1 所示。此时已经完成宏的录制，单击录制工具栏上的停止按钮，即可停止录制。单击"保存"按钮。

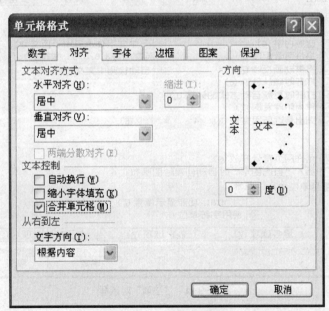

图 8-7-1　设置单元格式

第 8 题

【操作要求及解题步骤】

前 2 点略。

3. 在 Excel 中新建一个文件，文件名为 A8-A.xls，并保存在指定文件夹中。

单击"工具"菜单下的"宏"子菜单下的"录制新宏"命令，在打开的对话框中设置宏名为"A8A",将"宏保存在"设置为"A8-A.xls"。然后单击键盘按钮,在打开的对话框中单击"请按新快捷键"下的文本框,按下"Ctrl+Shift+F"组合键。再单击"指定"按钮,然后单击"关闭"按钮。

现在开始宏的录制,单击"编辑"菜单下的"复制"命令,用鼠标选取"D8"单元格,单击"编辑"菜单下的"粘贴"命令。此时已经完成宏的录制,单击录制工具栏上的停止按钮,即可停止录制,单击"保存"按钮。

第 9 题

【操作要求及解题步骤】

前 2 点略。

3. 在 Word 中新建一个文件,文件名为 A8-A.doc,并保存在指定文件夹中。

在录制宏之前,先单击"工具"菜单下的"选项"命令,在"选项"对话框中的"常规"选项卡下将"插入'自选图形'时自动创建绘图画布"前的勾取消,如图 8-9-1 所示。

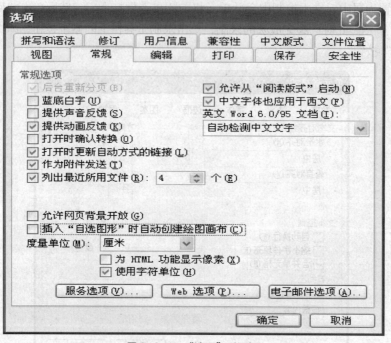

图 8-9-1 "选项"对话框

然后单击"工具"菜单下的"宏"子菜单下的"录制新宏"命令,在打开的对话框中设置宏名为"A8A",将"宏保存在"设置为"A8-A.doc"。然后单击键盘按钮,在打开的对话框中单击"请按新快捷键"下的文本框,按下"Ctrl+Shift+F"组合键。再单击"指定"按钮,然后单击"关闭"按钮。

现在开始宏的录制,单击"视图"菜单下"工具栏"子菜单中的"绘图"命令,将绘图工具栏打开,然后单击绘图工具栏上的"自选图形"按钮,在"基本形状"下选择"太阳形",然后在页面上用鼠标绘制一个太阳形状,如图 8-9-2 所示。接下来在太阳上单击右键选择"设置自选图形格式",如图 8-9-3 所示。

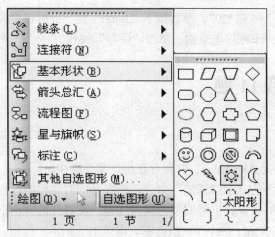

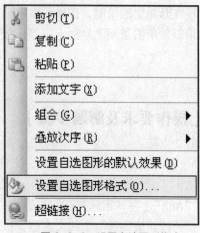

图 8-9-2 自选图形菜单   图 8-9-3 设置自选图形格式

在打开的对话框中选择填充颜色为"填充效果",在"填充效果"对话框的"渐变"选项卡下选择预设,预设颜色为红日夕斜,如图 8-9-4 所示。此时已经完成宏的录制,单击录制工具栏上的停止按钮,即可停止录制,单击"保存"按钮。

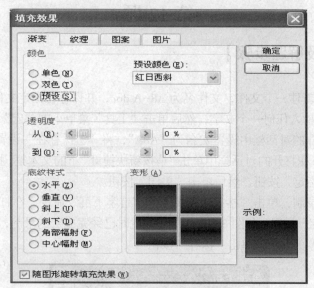

图 8-9-4 "填充效果"对话框

第 10 题

【操作要求及解题步骤】

前 2 点略。

3. 在 Excel 中新建一个文件,文件名为 A8-A.xls,并保存在指定文件夹中。

先在"Sheet1"中任意选取一个单元格,然后单击"工具"菜单下的"宏"子菜单下的"录制新宏"命令,在打开的对话框中设置宏名为"A8A",将"宏保存在"设置为"A8-A.xls"。然后单击键盘按钮,在打开的对话框中单击"请按新快捷键"下的文本框,按下"Ctrl+Shift+F"组合键。再单击"指定"按钮,然后单击"关闭"按钮。

现在开始宏的录制，在单元格中输入"=5+7*20"，然后按下"Enter"键。此时已经完成宏的录制，单击录制工具栏上的停止按钮，即可停止录制。单击"保存"按钮。

第 11 题

【操作要求及解题步骤】

前 2 点略。

3. 在 Word 中新建一个文件，文件名为 A8-A.doc，并保存在指定文件夹中。

单击"工具"菜单下的"宏"子菜单下的"录制新宏"命令，在打开的对话框中设置宏名为"A8A"，将"宏保存在"设置为"A8-A.doc"。然后单击键盘按钮，在打开的对话框中单击"请按新快捷键"下的文本框，按下"Ctrl+Shift+F"组合键。再单击"指定"按钮，然后单击"关闭"按钮。

现在开始宏的录制，按下键盘上的"Shift+Enter"组合键，即可输入一个换行符。此时已经完成宏的录制，单击录制工具栏上的停止按钮，即可停止录制。单击"保存"按钮。

第 12 题

【操作要求及解题步骤】

前 2 点略。

3. 在 Word 中新建一个文件，文件名为 A8-A.doc，并保存在指定文件夹中。

先在 Word 中输入任何一个文字，然后单击"工具"菜单下的"宏"子菜单下的"录制新宏"命令，在打开的对话框中设置宏名为"A8A"，将"宏保存在"设置为"A8-A.doc"。然后单击键盘按钮，在打开的对话框中单击"请按新快捷键"下的文本框，按下"Ctrl+Shift+F"组合键。再单击"指定"按钮，然后单击"关闭"按钮。

现在开始宏的录制，单击"格式"菜单下的"首字下沉"命令，在打开的对话框中选择"下沉"，单击"确定"按钮，如图 8-12-1 所示。此时已经完成宏的录制，单击录制工具栏上的停止按钮，即可停止录制，单击"保存"按钮。

图 8-12-1　首字下沉

第二部分

全国计算机信息技术考试高级
操作员解题步骤

第一单元
Windows 系统操作

第 1 题

说明：为方便同学们练习，第一单元的操作要求与计算机高新考试略有不同，练习时"系统设置与优化"要求将操作结果抓图保存，而在考试时只要完成操作就可以了，请任课老师给同学们加以解释说明。

【操作要求及解题步骤】

考生按如下要求进行操作。

1. 开机，进入 Windows，启动"资源管理器"。

鼠标右击"开始"菜单，选择"资源管理器"。

2. 建立考生文件夹，文件夹名为考生准考证后 7 位。

打开桌面图标"我的电脑"→"C 盘"→"文件（菜单）"→"新建"→"文件夹"→"输入文件夹名称"，建立准考证号后 7 位数字的考生文件夹，如图 1-1-1 所示。

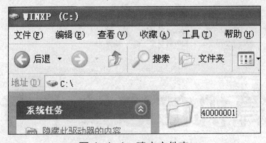

图 1-1-1　建立文件夹

3. C 盘中有考试题库"Win2004GJW"文件夹，文件夹结构如下。

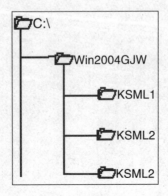

4. 将题库中 KSML2 文件夹内指定的文件一次性复制到考生文件夹中，将文件分别重命名为 A1、A2、A3、A4、A5、A6、A7、A8，扩展名不变（考试时会指定复制的文件，若练习选题单指定第二单元题号为 5，则将题库中 KSML2 文件夹内的 KS2-5.doc 复制到文件夹中，并重命名为 A2.doc）。

举例，如果考生的选题单如下。

单元	一	二	三	四	五	六	七	八
题号	7	5	14	20	8	6	18	4

则应打开题库 C:\Win2004GJW\KSML2 复制题单所对应的文件到考生文件夹内，并分别重命名为 Al.doc、A2.doc、A3.doc、A4.xls、A5.xls、A6.ppt、A7.xls、A8.pst，如图 1-1-2 所示。

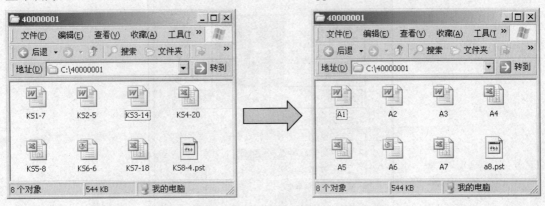

图 1-1-2 复制并重命名

5. 系统设置与优化。

● 用磁盘清理程序对 C 驱动器进行清理，在进行磁盘清理时将整个屏幕以图片的形式保存到考生文件夹中，文件命名为 A1a（不必等待操作执行完毕）。

单击"开始"菜单→"程序"→"附件"→"系统工具"→"磁盘清理"，选择要清理的驱动器为"C 盘"，如图 1-1-3 所示。

将操作的结果抓图（F12 键右侧 Print Screen/SysRq 键），打开开始菜单"开始"→"程序"→"附件"→"画图"，在"画图"软件界面执行菜单"编辑"→"粘贴"，选择"文件"→"保存"命令，将文件保存至考生文件夹中，文件命名为 A1a.bmp。说明：考试时，单击"确定"按钮，就可以了。

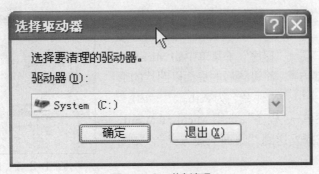

图 1-1-3 磁盘清理

● 自定义任务栏，设置任务栏中的时钟隐藏，并且在"开始"菜单中显示小图标，将设置的效果屏幕以图片的形式保存到考生文件夹中，文件命名为 Alb，图片保存之后，恢复原设置。

单击"开始"菜单→"设置"→"任务栏和开始菜单"，去掉"显示时钟"前的选项，勾上"显示小图标"，如图 1-1-4 所示。

将设置好的结果抓图（F12 键右侧 Print Screen/SysRq 键），单击"开始"菜单→"程序"→"附件"→"画图"，在画图软件界面执行菜单"编辑"→"粘贴"，选择"文件→保存"命令，将文件保存至考生文件夹中，文件命名为 A1b.bmp。

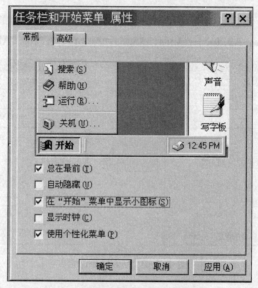

图 1-1-4　任务栏和开始菜单

第 2 题

【操作要求及解题步骤】

前 4 点省略。

5. 系统设置与优化。

●使用磁盘清理程序对 C 驱动器进行清理，在进行磁盘清理时将整个屏幕以图片的形式保存到考生文件夹中，文件命名为 A1a（不必等待操作执行完毕）。

与前同，省略。

● 为"开始"菜单"程序"子菜单中的 Microsoft Word 创建桌面快捷方式，将设置后的桌面以图片的形式保存到考生文件夹中，文件命名为 A1b。

单击"开始"菜单→"程序"，选中 Microsoft Word，单击鼠标右键，选择发送到"桌面快捷方式"，如图 1-2-1 所示。

将结果抓图(F12 键右侧 Print Screen/SysRq 键），

图 1-2-1　桌面快捷方式

打开开始菜单"开始"→"程序"→"附件"→"画图"，在画图软件界面执行菜单"编辑"→"粘贴"，选择"文件"→"保存"命令，将文件保存至考生文件夹中，文件命名为 A1b.bmp。

第 3 题

【操作要求及解题步骤】

前 4 点省略。

5. 系统设置与优化。

● 使用磁盘碎片整理程序对 C 驱动器进行清理，在进行磁盘清理前首先对磁盘进行分析，查看分析报告并将整个屏幕以图片的形式保存到考生文件夹中，文件命名为 A1a。

单击"开始"菜单→"程序"→"附件"→"系统工具"→"磁盘碎片整理程序"，选择 C 盘进行碎片整理，如图 1-3-1 所示。

将操作的结果抓图（F12 键右侧 Print Screen/SysRq 键），打开开始菜单"开始"→"程序"→"附件"→"画图"，在"画图"软件界面执行菜单"编辑"→"粘贴"，选择"文件"→"保存"命令，将文件保存至考生文件夹中，文件命名为 A1a.bmp。

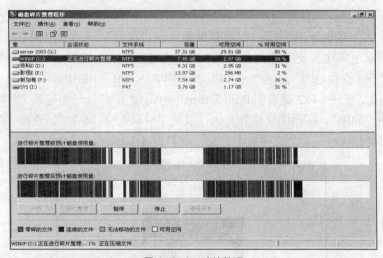

图 1-3-1　碎片整理

● 为"开始"菜单"程序"子菜单中的 Microsoft Excel 创建桌面快捷方式，将设置后的桌面以图片的形式保存到考生文件夹中，文件命名为 A1b。

与前同，省略。

第 4 题

【操作要求及解题步骤】

前 4 点省略。

5. 系统设置与优化。

● 查找 C 驱动器中所有扩展名为".exe"的文件，查找完毕，将包含查找结果的当前屏幕以图片的形式保存到考生文件夹中，文件命名为 A1a。

打开菜单"开始"→"搜索"→"文件"或文件夹"，在弹出的搜索窗口按要求设置，搜索文件名为*.exe，搜索范围为 C:，如图 1-4-1 所示。

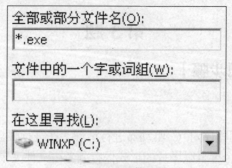

图 1-4-1　文件搜索

将搜索的结果抓图，按下 Print Screen/SysRq 键（F12 键右侧），打开开始菜单"开始"→"程序"→"附件"→"画图"，在画图软件界面执行菜单"编辑"→"粘贴"命令，选择"文件"→"保存"命令，将文件保存至考生文件夹中，文件命名为 A1a.bmp。

● 将桌面背景设置为图片 C:\Win2004GJW\KSML3\BEIJINGl-4.jpg，将设置后的桌面以图片的形式保存到考生文件夹中，文件命名为 Alb，图片保存之后，恢复原设置。

单击"开始"菜单→"设置"→"控制面板"→"显示"，或者在桌面空白区域单击鼠标右键，选择"显示属性"，进入显示属性对话框，单击"桌面"选项卡，选择"浏览"，如图 1-4-2 所示。在"查找范围"里选择 C:\Win2004GJW\KSML3\BEIJING1-4.jpg，单击"确定"按钮，返回桌面，抓图（F12 键右侧 Print Screen/SysRq 键），打开开始菜单"开始"→"程序"→"附件"→"画图"，在画图软件界面执行菜单"编辑"→"粘贴"，选择"文件"→"保存"命令，将文件保存至考生文件夹中，文件命名为 A1b.bmp。

图 1-4-2　显示属性设置

第 5 题

【操作要求及解题步骤】

前 4 点省略。

5. 系统设置与优化。

● 查找 C 驱动器中所有扩展名为"doc"的文件，查找完毕，将包含查找结果的当前屏幕以图片的形式保存到考生文件夹中，文件命名为 A1a。

操作步骤与前同，省略。

● 将桌面上的"我的电脑"和"网上邻居"两个图标更改为 C:\Win2004GJW\KSML3\TUBIA01-5A.exe 和 C:\Win2004GJW\KSML3\TUBIA01-5B.exe，将更改图标后的桌面以图片的形式保存到考生文件夹中，文件命名为 A1a，图片保存之后，恢复原设置。

单击"开始"菜单→"设置"→"控制面板"→"显示"，或者在桌面空白区域单击鼠标右键，选择"显示属性"，进入"显示属性"对话框，单击"桌面"选项卡，选择"自定义桌面"，单击"我的电脑"→"更改图标"→"浏览"，在"查找范围"里选择 C:\Win2004GJW\KSML3\TUBIAO1-5a.exe，单击"确定"按钮，如图 1-5-1 所示。抓图（F12 键右侧 Print Screen/SysRq 键），打开开始菜单"开始"→"程序"→"附件"→"画图"，在画图软件界面执行菜单"编辑"→"粘贴"，选择"文件→保存"命令，将文件保存至考生文件夹中，文件命名为 A1b.bmp。

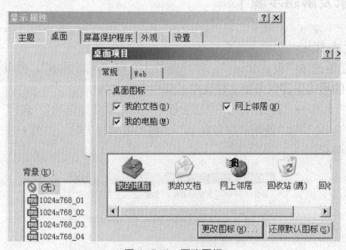

图 1-5-1　更改图标

第 6 题

【操作要求及解题步骤】

前 4 点省略。

5. 系统设置与优化。

● 在"辅助功能选项"中设置键盘允许使用"粘滞键""筛选键"和"切换键"，将设置键盘辅助功能的对话框以图片的形式保存到考生文件夹中，文件命名为 A1a。

单击"开始"菜单→"设置"→"控制面板"→"辅助功能选项"，把"粘滞键"、"筛选键"、"切换键"前的选项勾上，如图 1-6-1 所示。将设置好的结果抓图，保存。

图 1-6-1　辅助功能键盘选项卡

● 将桌面背景设置为图片 C:\Win2004GJW\KSML3\BEIJINGl-6.jpg，将设置后的桌面以图片的形式保存到考生文件夹中，文件命名为 Alb，图片保存之后，恢复原设置。

操作步骤与前同，省略。

第 7 题

【操作要求及解题步骤】

前 4 点省略。

5. 系统设置与优化。

● 在辅助功能选项中设置允许使用"声音卫士"和"声音显示"，将设置声音辅助功能的对话框以图片的形式保存到考生文件夹中，文件命名为 A1a。

单击"开始"菜单→"设置"→"控制面板"→"辅助功能选项"，选择"声音"选项卡，把"使用'声音卫士'"与"使用'声音显示'"，前的选项打上勾，如图 1-7-1 所示。将设置好的结果抓图，保存。

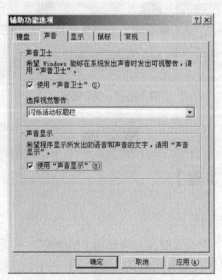

图 1-7-1　辅助功能声音选项卡

● 将桌面背景设置为图片 C:\Win2004GJW\KSML3\BEIJINGl-7.jpg，将设置后的桌面以图片的形式保存到考生文件夹中，文件命名为 Alb，图片保存之后，恢复原设置。

操作步骤与前同，省略。

第 8 题

【操作要求及解题步骤】

前 4 点省略。

5. 系统设置与优化。

●将桌面上的"我的电脑"和"网上邻居"两个图标更改为 C:\Win2004GJW\KSML3\TUBIA01-8A.exe 和 C:\Win2004GJW\KSML3\TUBIA01-8B.exe，将更改图标后的桌面以图片的形式保存到考生文件夹中，文件命名为 A1a，图片保存之后，恢复原设置。

操作步骤与前同，省略。

● 设置监视器的刷新频率为"75 赫兹"，并将设置对话框以图片的形式保存到考生文件夹中，文件命名为 Alb。

单击"开始"菜单→"设置"→"控制面板"→"显示"，或者在桌面空白区域单击鼠标右键，选择"显示属性"，进入"显示属性"对话框，单击"设置"选项卡，选择"高级"，在"监视器"选项卡将"屏幕刷新频率"设定为 75 赫兹，如图 1-8-1 所示。将设置好的结果抓图，保存。

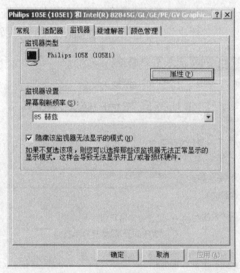

图 1-8-1 屏幕刷新频率

第 9 题

【操作要求及解题步骤】

前 4 点省略。

5. 系统设置与优化。

● 设置当前日期为 2004 年 9 月 1 日，时间为 11 点 30 分 30 秒，将设置后的"时间和日期"

选项卡以图片的形式保存到考生文件夹中，文件命名为A1a，图片保存之后，恢复原设置。

单击"开始"菜单→"设置"→"控制面板"→"日期与时间"，按要求设定日期为2004年9月1日，时间为11点30分30秒，如图1-9-1所示。将设置好的结果抓图，保存。

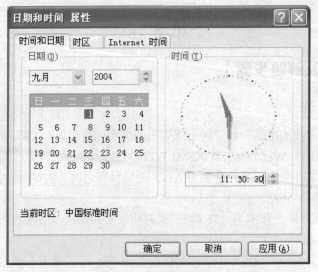

图1-9-1 日期与时间

● 将考生文件夹设置为共享，将设置后的"共享"选项卡以图片的形式保存到考生文件夹中，文件命名为A1b，图片保存之后，恢复原设置。

双击"我的电脑"，打开C盘，在"考生文件夹"单击右键，在弹出的下拉式菜单中单击"共享和安全"，选中"共享此文件夹"，如图1-9-2所示。将设置好的结果抓图，保存。

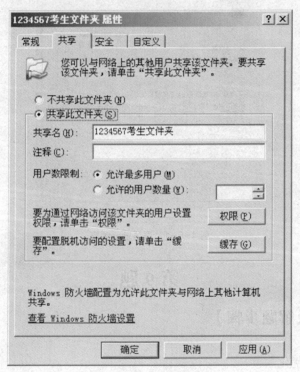

图1-9-2 共享和安全

第 10 题

【操作要求及解题步骤】

前 4 点省略。

5. 系统设置与优化。

● 使用磁盘碎片整理程序对 C 驱动器进行整理，在进行磁盘整理前首先对磁盘进行分析，在进行磁盘碎片整理时将对话框以图片的形式保存到考生文件夹中，文件命名为 A1a。

操作步骤与前同，省略。

● 在任务栏上添加"链接"工具栏，并将任务栏置于桌面的顶端，将设置后的桌面以图片的形式保存到考生文件夹中，文件命名为 A1b，图片保存之后，恢复原设置。

在任务栏的空白处单击右键，选择"工具栏"→"链接"，如图 1-10-1 所示。将设置好的结果抓图，保存。

图 1-10-1 链接

第 11 题

【操作要求及解题步骤】

前 4 点省略。

5. 系统设置与优化。

● 查找 C 驱动器中前 7 日创建的，并且大小在 30KB 以上的文件，查找完毕，将包含查找结果的当前屏幕以图片的形式保存到考生文件夹中，文件命名为 A1a。

单击"开始"菜单→"搜索"→文件或文件夹，在弹出的搜索窗口按要求设置参数，范围：C，创建日期：7 日前（具体时间按考试定），大小：至多 30KB，如图 1-11-1 所示。将设置好的结果抓图，保存。

● 在任务栏上添加"桌面"工具栏，并将任务栏置于桌面的顶端，将设置后的桌面以图片的形式保存到考生文件夹中，文件命名为 A1b，图片保存之后，恢复原设置。

在任务栏的空白处单击右键，选择"工具栏"→"桌面"，如图 1-11-2 所示。在任务栏的空白处单击右键，将"锁定任务栏"的"√"取消，或选择"开始"菜单，单击鼠标右键，选择"属性"，将"锁定任务栏"选项框的"√"取消，单击"确定"按钮，如图 1-11-3 所示。然后在任务栏空白处拖动鼠标左键，将任务栏拖动到桌面的顶端，放开鼠标，将设置好的结果抓图，保存。

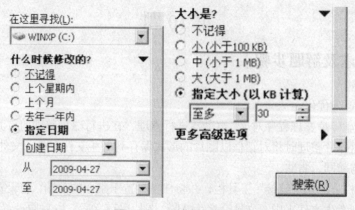

图 1-11-1　搜索高级设置

图 1-11-2　添加桌面工具栏

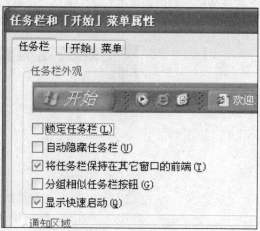

图 1-11-3　取消"锁定任务栏"

第 12 题

【操作要求及解题步骤】

前 4 点省略。

5. 系统设置与优化。

● 自定义任务栏，设置任务栏自动隐藏，并且在"开始"菜单中显示小图标，将设置的效果屏幕以图片的形式保存到考生文件夹中，文件命名为 A1a，图片保存之后，恢复原设置。

单击"开始"菜单→"设置"→"任务栏和开始菜单"，在"自动隐藏"与"在'开始'菜单中显示小图标"前的选项框上打上"√"，如图 1-12-1 所示。将设置好的结果抓图，保存。

● 设置电源使用方案为 30 分钟后关闭监视器，45 分钟后关闭硬盘，将设置对话框以图片的形

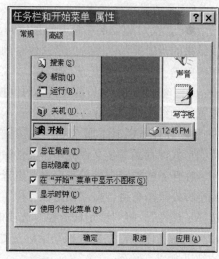

图 1-12-1　任务栏和开始菜单

式保存到考生文件夹中，文件命名为 A1b，图片保存之后，恢复原设置。

单击"开始"菜单→"设置"→"控制面板"→"电源选项"，按要求设定参数"关闭监视器：30 分钟之后，关闭硬盘：45 分钟之后"，如图 1-12-2 所示。将设置好的结果抓图，保存。

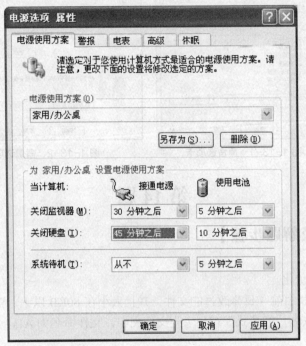

图 1-12-2　电源选项

第 13 题

【操作要求及解题步骤】

前 4 点省略。

5. 系统设置与优化。

● 更改系统声音"Windows 默认"方案中"启动 Windows"事件的声音为 C:\Win2004GJW\KSML3\QIDONGl-13.wav，并将该方案另存为"新声音方案"，将设置对话框以图片的形式保存到考生文件夹中，文件命名为 A1a，图片保存之后，恢复原设置。

单击"开始"菜单→"设置"→"控制面板"→"声音和音频设备"，选择"声音"选项卡，在"声音方案"中选择"Windows 默认"，在"程序事件"中选择"启动 Windows"，单击"浏览"按钮，选择 C:\Win2004GJW\KSML3\QIDONG1-13.wav，将其另存为"新声音方案"，如图 1-13-1 所示。将设置好的结果抓图，保存。

● 将系统音量设置为静音，将设置对话框以图片的形式保存到考生文件夹中，文件命名为 A1b，图片保存之后，恢复原设置。

单击"开始"菜单→"设置"→"控制面板"→"声音和音频设备"，选择"音量"选项卡，在"静音"选项框里打上"√"，如图 1-13-2 所示。将设置好的结果抓图，保存。

图 1-13-1 声音选项卡

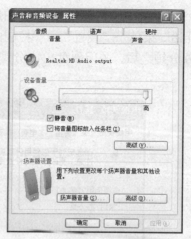

图 1-13-2 音量选项卡

第 14 题

【操作要求及解题步骤】

前 4 点省略。

5. 系统设置与优化。

●查找 C 驱动器中前 3 日修改过的文件，并且大小在 80KB 以上，查找完毕，将包含查找结果的当前屏幕以图片的形式保存到考生文件夹中，文件命名为 A1a。

与前同，省略。

● 更改鼠标指针方案 "Windows 默认" 中正常选择鼠标的形状为 C:\Win2004GJW\KSML3\SHUBIA01-14.cur，并将该方案另存为 "新鼠标方案"，将设置对话框以图片的形式保存到考生文件夹中，文件命名为 A1b，图片保存之后，恢复原设置。

单击 "开始" 菜单→ "设置" → "控制面板" → "鼠标"，选择 "指针" 选项卡，按要求设定参数 "鼠标方案：Windows 默认"，单击 "浏览" 按钮，选择 C:\Win2004GJW\KSML3\SHUBIA01-14.cur，将其另存为 "新鼠标方案"，如图 1-14-1 所示。

将设置好的结果抓图，保存。

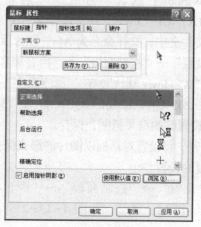

图 1-14-1 鼠标属性

第 15 题

【操作要求及解题步骤】

前 4 点省略。

5. 系统设置与优化。

●将桌面背景设置为图片 C:\Win2004GJW\KSML3\BEIJlNGl 15.jpg，将设置后的桌面以图片的形式保存到考生文件夹中，文件命名为 A1a，图片保存之后，恢复原设置。

操作步骤与前同，省略。

●取消任务栏上的所有工具栏，并将任务栏置于桌面的右侧，将设置后的桌面以图片的形式保存到考生文件夹中，文件命名为 Alb，图片保存之后，恢复原设置。

在任务栏的空白处单击右键，选择"工具栏"，在出现的下拉式菜单中把前面有勾的选项都去掉，如图 1-15-1 所示。在任务栏的空白处单击右键，将"锁定任务栏"的"√"取消，或选择"开始"菜单，单击鼠标右键，选择"属性"，将"锁定任务栏"选项框的"√"取消，单击"确定"按钮，然后在任务栏空白处拖动鼠标左键，将任务栏拖动到桌面的右侧，放开鼠标，将设置好的结果抓图，保存。

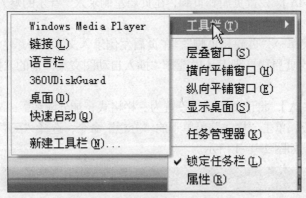

图 1-15-1 取消任务栏上的所有工具栏

PART 2

第二单元
文档处理的基本操作

第1题

【操作要求及解题步骤】

打开文档 KS2-1.doc，按照样文进行如下操作。

1. 设置文档页面格式。

● 按【样文 2-1A】，设置页眉和页脚，在页眉左侧录入"音乐的魅力"，右侧插入域"第 X 页　共 Y 页"。

单击"视图"菜单→"页眉和页脚"，在页眉左侧录入文本"音乐的魅力"，将插入点移动到右侧，在弹出的页眉和页脚工具栏选择"插入自动图文集"里的"插入域'第 X 页　共 Y 页'"。

● 按【样文 2-1A】，将正文前两段设置为三栏格式，加分隔线。

选中正文前两段，单击"格式"菜单下的"分栏"命令，选择"三栏"，单击"分隔线"，单击"确定"按钮，如图 2-1-1 所示。

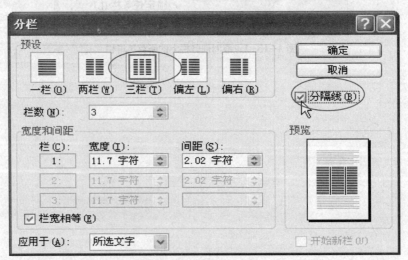

图 2-1-1　分栏

2. 设置文档编排格式。

● 按【样文 2-1A】，将标题设置为艺术字，式样为艺术字库中的第 2 行 5 列，字体为华文行楷，环绕方式为紧密型。

选中标题文字，单击"插入"菜单→"图片"→"艺术字"，在"艺术字库"对话框中选择"艺术字式样"为"第2行第5列"，如图2-1-2所示。在弹出的"编辑'艺术字'文字"对话框中单击"字体"列表框中的下拉按钮，选择"华文行楷"，单击"确定"按钮，如图2-1-3所示；在艺术字工具栏上单击文字环绕按钮 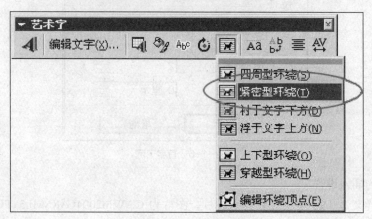，选择"紧密型环绕"，如图2-1-4所示。

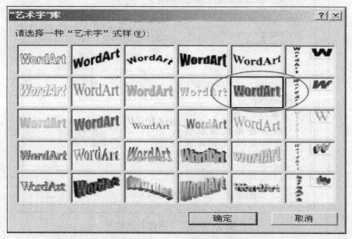

图2-1-2　"艺术字"库

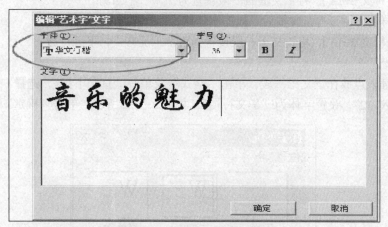

图2-1-3　编辑"艺术字"文字

图2-1-4　文字环绕方式

● 按【样文 2-1A】，将正文前两段字体设置为楷体、小四，字体颜色为蓝色。

选中正文前两段，单击菜单"格式"→"字体"，选择"字体"标签，设置中文字体为"楷体"，字号为"小四"，字体颜色为"蓝色"，单击"确定"按钮，如图 2-1-5 所示。

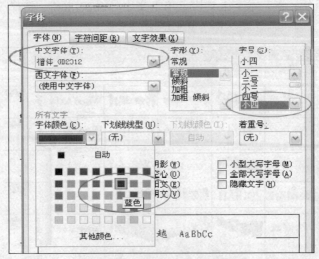

图 2-1-5 "字体"选项

● 按【样文 2-1A】，将正文最后一段设置为仿宋、小四。

使用同样的方法设置正文最后一段的字体格式。

● 按【样文 2-1A】，将正文第一段设置为首字下沉格式，下沉行数：二行，首字字体设置为华文行楷。

将鼠标插入点放在正文第一段，单击"格式"菜单→"首字下沉"，选择"下沉"，在下沉行数中输入"2"，设置字体为"华文行楷"，如图 2-1-6 所示，单击"确定"按钮。

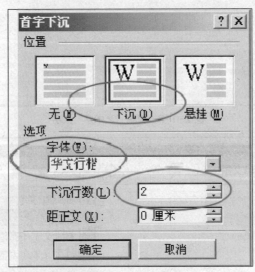

图 2-1-6 首字下沉

3. 文档的插入设置。

● 在【样文 2-1A】所示位置插入图片，图片为 C:\Win2004G\KSML3\TU2-1.bmp，设置图片大小为放缩 28%，环绕方式为紧密型。

把光标定位在文档的右上方，单击"插入"菜单→"图片"→"来自文件"，在"插入图片"对话框的"查找范围"里选择图片的路径为"C:\Win2004GJW\KSML3\TU2-1.WMF"，单击"插入"按钮，在弹出的工具栏上单击"设置图片格式"按钮，或者直接双击该图片，打开"设置图片格式"对话框，在"大小"选项卡的缩放高度、宽度中输入28%，在"版式"选项卡中选择"紧密型"，单击"确定"按钮，如图2-1-7所示，适当调整图片到【样文2-1A】所示的位置。

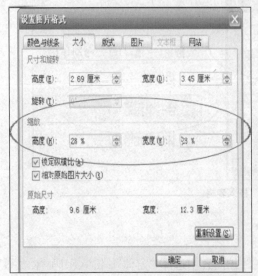 

图 2-1-7 设置图片格式

● 在【样文 2-1A】最后一段"奋进"文本处添加批注"此处用词不当"。

选中最后一段文本"奋进"，单击"插入"菜单下的"批注"命令，录入批注"此处用词不当"，如图 2-1-8 所示。

图 2-1-8 批注

4. 插入、绘制文档表格。

● 按【样文 2-1B】所示，在文档尾部插入一个 3 行 3 列的表格并合并第 3 列单元格。

将光标定位在文档的尾部，单击"表格"菜单中"插入"下的"表格"命令，打开"插入表格"对话框,在"列数"数字框中输入"3",在"行数"数字框中输入"3",或者选择工具栏"插入表格"按钮 ，拖动鼠标选择需要的行列数(网格下方显示当前的"行×列"数),将使这部分网格反相显示,单击鼠标后即在插入点处建立了一个指定行列数的空表格。选中第 3 列单元格,单击鼠标右键,选择"合并单元格",或者选择"表格"菜单下的"合并单元格"命令,如图 2-1-9 所示。

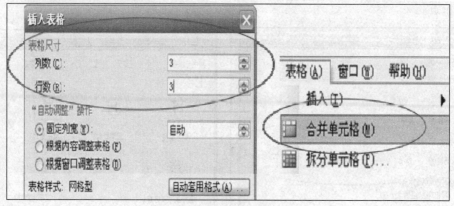

图 2-1-9 插入表格

5. 文档的整理、修改和保护。

● 保护文档的窗体,密码为"KSRT"。

单击"工具"菜单下"保护文档"命令,在保护内容中选择"窗体",键入密码"KS2-1",单击"确定"按钮,如图 2-1-10 所示。

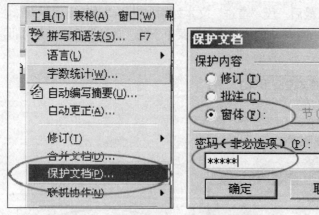

图 2-1-10 保护文档"窗体"

第 2 题

【操作要求及解题步骤】

打开文档 KS2-2.doc,按照样文进行如下操作。

1. 设置文档页面格式。

● 按【样文 2-2A】,设置页眉和页脚,在页眉左侧录入"走近科学",右侧插入"第 1 页"。

单击"视图"菜单→"页眉和页脚",在页眉左侧录入文本"走近科学",将插入点移动到右侧,输入"第页",将鼠标插入点放在"第页"中间,在弹出的页眉和页脚工具栏选择"插入页码"按钮即可。

● 按【样文 2-2A】,设置页边距上下各 4.0 厘米,左右各 3.20 厘米,页眉、页脚距边界各 3.25 厘米。

选择"文件"菜单中的"页面设置"命令,选择"页边距"选项卡,设置上、下边距为"4.0 厘米",左、右边距为"3.20 厘米",如图 2-2-1 所示。选择"版式"选项卡,设置页眉、页脚距边界"3.25 厘米",如图 2-2-2 所示。

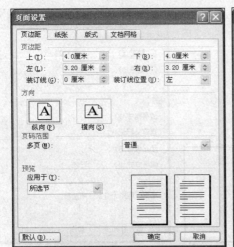

图 2-2-1 "页边距"选项卡

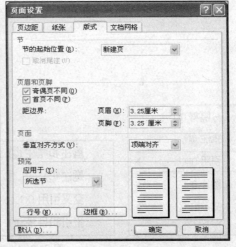

图 2-2-2 "版式"选项卡

2. 设置文档编排格式。

● 按【样文 2-2A】,将标题设置为艺术字,式样为艺术字库中的第 3 行 1 列,字体为隶书,环绕方式为浮于文字上方。

与前同,略。

● 按【样文 2-2A】,将正文第一段设置为华文行楷、四号。

与前同,略。

● 按【样文 2-2A】,为正文后 4 段设置编号。

选中正文后 4 段,单击"格式"菜单,选择"项目符号和编号"命令,单击"编号"选项卡,选择其中任一种编号,单击"自定义"按钮,在"编号样式"中选择"一,二,三,…",注意:需要将编号格式里多余的标点符号删除,单击"确定"按钮,如图 2-2-3 所示。

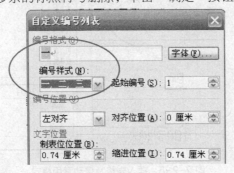

图 2-2-3 自定义编号

3. 文档的插入设置。

● 在【样文 2-2A】所示位置插入图片，图片为 C:\Win2004GJW\KSML3\TU2-2.bmp，设置图片大小放缩 110%，环绕方式为四周型。

与前同，略。

● 按【样文 2-2A】，为最后一段中的文本"地热"插入脚注"来自地球深处的可再生热能"。

选中最后一段文本"地热"，单击"插入"菜单→"引用"→"脚注和尾注"，选择"脚注"，单击"插入"按钮，录入脚注内容"来自地球深处的可再生热能"，如图 2-2-4 所示。

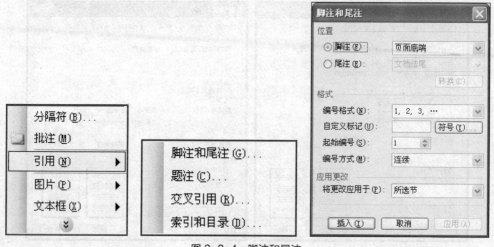

图 2-2-4　脚注和尾注

4. 插入、绘制文档表格。

● 按【样文 2-2B】所示，在文档尾部插入一个 2 行 5 列的表格自动套用格式"古典型 1"。

将光标定位在文档的尾部，单击 "表格"菜单中"插入"下的"表格"命令，打开"插入表格"对话框，在"列数"数字框中输入"5"，在"行数"数字框中输入"3"，单击"自动套用格式"，在"表格样式"里选择"古典型 1"，单击"确定"按钮，如图 2-2-5 所示。

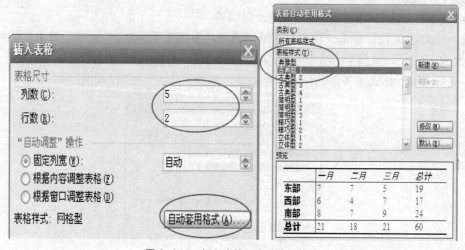

图 2-2-5　插入表格及自动套用格式

5. 文档的整理、修改和保护。

● 保护文档的修订，密码为"KSRT"。

单击"工具"菜单下"保护文档"命令，在保护内容中选择"修订"，键入密码"KS2-2"，单击"确定"按钮，如图2-2-6所示。

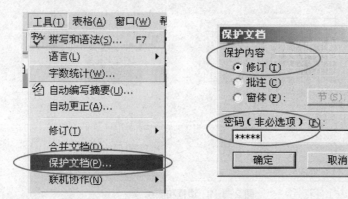

图2-2-6 保护文档"修订"

第3题

【操作要求及解题步骤】

打开文档KS2-3.doc，按照样文进行如下操作。

1. 设置文档页面格式。

● 按【样文2-3A】，设置页眉和页脚，在页眉左侧录入"商业网站"，右侧插入"第1页"。

与前同，略。

● 按【样文2-3A】，设置页边距上下各4.1厘米，左右各3.25厘米，页眉、页脚距边界各为3.2厘米，调整全文的段落左、右缩进为1个字符。

选择"文件"菜单中的"页面设置"命令，选择"页边距"选项卡，设置上、下边距为"4.1厘米"，左、右边距为"3.25厘米"，选择"版式"选项卡，设置页眉、页脚距边界"3.2厘米"，单击"格式"菜单中的"段落"，在"缩进和间距"选项卡设置左、右各缩进"1个字符"，单击"确定"按钮。

2. 设置文档编排格式

● 按【样文2-3A】，为正文倒数第二段添加底纹，颜色为灰色-50%，设置字体颜色为黄色。

步骤一：选中正文倒数第二段，单击"格式"菜单，选择"边框和底纹"，单击"底纹"选项卡，在"填充"中选择"灰色-50%"，注意：应用范围是"段落"，单击"确定"按钮，如图2-3-1所示。

步骤二：单击"格式"菜单，选择"字体"，在"字体"选择卡中设置字体颜色为"黄色"，单击"确定"按钮，或单击格式工具栏字体颜色按钮 A，选择"黄色"。

3. 文档的插入设置。

按【样文2-3A】，在第一段的开始处添加符号"⊞"。

鼠标插入点放在第一段的开始处，单击"插入"菜单，选择"符号"，在"字体"下拉框中选择"Wingdings"，找到符号"▥"，单击"插入"按钮，如图2-3-2所示。

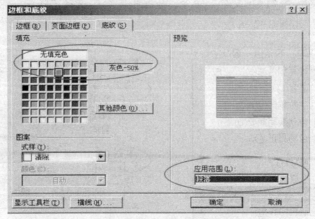

图2-3-1 边框和底纹

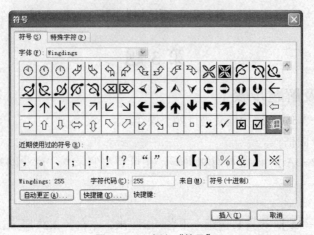

图2-3-2 插入"符号"

4. 文档的整理、修改和保护。

● 将正文中所有"网站"二字的字体设置为橘黄色。

单击"编辑"菜单，选择"替换"命令，在"查找内容"中输入"网站"，将光标定位到"替换为"一栏，单击"高级"按钮，单击"格式"，选择"字体"，设置字体颜色为"橘黄色"，单击"确定"按钮，返回"查找和替换"对话框，单击"全部替换"按钮，如图2-3-3所示。

5. 插入、绘制文档表格。

● 按【样文2-3B】所示，在文档尾部插入一个4行5列的表格。

与同前，略。

● 按【样文2-3B】所示，将第2行第2列单元格拆分为3列，将第3列中间的2个单元格合并为一个单元格。

选中第2行第2列单元格，单击"表格"菜单，选择"拆分单元格"，拆分列数为"3"，行数为"1"，单击"确定"按钮，或者单击鼠标右键，在下拉式菜单里选择"拆分单元格"。选中第3列中间的两个单元格，单击"表格"菜单，选择"合并单元格"，或者单击鼠标右键，在下拉式菜单里选择"合并单元格"。

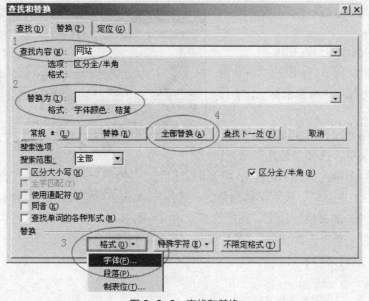

图 2-3-3　查找和替换

第 4 题

【操作要求及解题步骤】

打开文档 KS2-4.doc，按照样文进行如下操作。

1. 设置文档页面格式。

与前同，略。

2. 设置文档编排格式。

● 按【样文 2-6A】，将正文第一段字体设置为方正姚体、小四，并添加双实线方框。

步骤一：选中正文第一段文字，设置方正姚体、小四，步骤略。

步骤二：单击"格式"菜单，选择"边框和底纹"，在"边框"选项卡里设置"线型"为
"━━━━━━━━━"，单击"确定"按钮，注意应用范围为"段落"。

其余操作步骤同前，略。

第 5 题

【操作要求及解题步骤】

打开文档 KS2-5.doc，按照样文进行如下操作。

1. 设置文档页面格式。

与同前，略。

2. 设置文档编排格式。

● 按【样文 2-7A】，将正文第一段字体设置为楷体、小四，并设置固定行距为 20 磅。

步骤一：同前，略。

步骤二：单击"格式"菜单，选择"段落"，在"缩进和间距"选项卡里选择行距为"固
定值"，设置值为"20 磅"，单击"确定"按钮，如图 2-5-1 所示。

3. 文档的插入设置。

同前，略。

4. 文档的整理、修改和保护。

● 将正文第 2、3、4 段的"科学精神"全部替换为红色"科学精神"，字号为五号。

选中正文第 2 段、第 3 段和第 4 段，单击"编辑"菜单，选择"替换"命令，

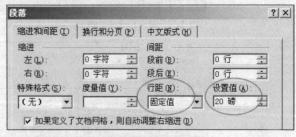

图 2-5-1 设置行距

在"查找内容"中输入"科学精神"，将光标定位到"替换为"一栏，单击"高级"按钮，单击"格式"，选择"字体"，设置字体颜色为"红色"，单击"确定"按钮，返回"查找和替换"对话框，单击"全部替换"按钮，对所选择段落义字替换后，弹出"提示是否搜索文档其他部分？"提示框，单击选择"否"，最后单击"确定"按钮。

5. 插入、绘制文档表格。

同前，略。

第 6 题

【操作要求及解题步骤】

打开文档 KS2-6.doc，按照样文进行如下操作。

前 4 点同前，略。

5. 插入、绘制文档表格。

● 按【样文 2-6B】所示绘制斜线表头。

选中首行第一个单元格，单击"表格"菜单，选择"绘制斜线表头"，绘制如【样文 2-6B】所示的斜线表头，如图 2-6-1 所示。

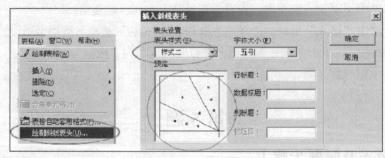

图 2-6-1 插入斜线表头

第 7 题

【操作要求及解题步骤】

打开文档 KS2-7.doc，按照样文进行如下操作。

1. 设置文档页面格式。

同前，略。

2. 设置文档编排格式。

● 按【样文 2-9A】，将标题设置为艺术字，式样为艺术字库中的第 4 行 4 列，字体为隶书，填充色为红色，线条色为蓝色，无阴影效果，字符间距为常规，环绕方式为紧密型。

步骤一：选中标题文字，单击"插入"菜单→"图片"→"艺术字"，在"艺术字库"对话框中选择"艺术字式样"为"第 4 行第 4 列"，单击"确定"按钮，在弹出的"编辑'艺术字'文字"对话框中单击"字体"列表框中的下拉按钮，选择"隶书"，单击"确定"按钮。

步骤二：在艺术字工具栏上单击"设置艺术字格式"，选择"颜色与线条"选项卡，设置填充颜色为"红色"，线条为"蓝色"，单击"确定"按钮。

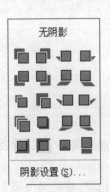

图 2-7-1　阴影设置

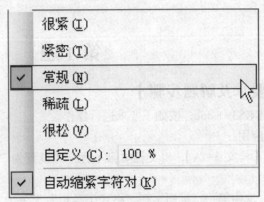

图 2-7-2　艺术字字符间距

步骤三：在绘图工具栏里，单击"阴影样式"按钮 ▨ ，选择"无阴影"，如图 2-7-1 所示。

步骤四：在艺术字工具栏上单击"艺术字字符间距" AV 按钮，选择"常规"，如图 2-7-2 所示。

步骤五：在艺术字工具栏上单击文字环绕按钮，选择"紧密型环绕"。

后 3 点同前，略。

第 8 题

【操作要求及解题步骤】

打开文档 KS2-8.doc，按照样文进行如下操作。

1. 设置文档页面格式。

同前，略。

2. 设置文档编排格式。

将最后一段的"动物冬眠"设置为中文版式中的"合并字符"格式，字号为 9 磅。

选中倒数第 2 段的文本"冬眠动物"，单击"格式"菜单中的"中文版式"下的"合并字符"，选择字号为"9 磅"，单击"确定"按钮。

后 3 点同前，略。

PART 3 第三单元 文档处理的综合操作

第 1 题

【操作要求及解题步骤】

打开文档 KS3-1.doc，按如下要求进行操作。

1. 样式应用：

● 按照【样文 3-1A】，将文档中第 1 行样式设置为"文章标题"，第 2 行设置为"标题注释"。

步骤一：选中第一行标题，在"格式工具栏"上单击"样式"按钮向下箭头，选择"文章标题"，如图 3-1-1 所示。

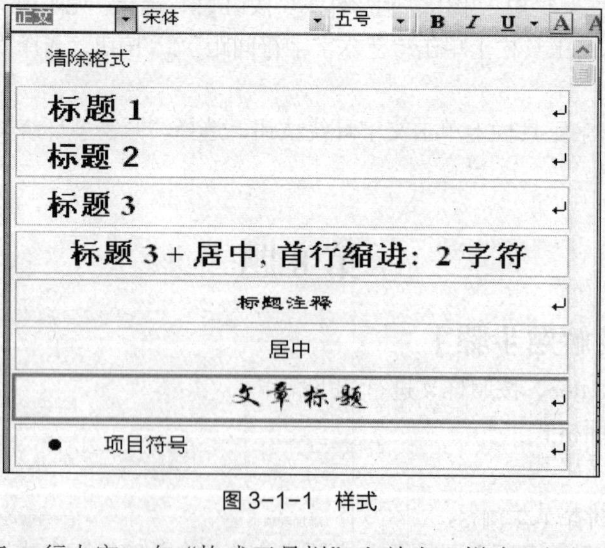

图 3-1-1 样式

步骤二：选中第 2 行内容，在"格式工具栏"上单击"样式"按钮向下箭头，选择"标题注释"。

● 将文章正文的前 4 段套用 C:\Win2004GJW\KSMLl\KSDOT3.DOT 模板中的"正文段落"样式。

步骤一：单击"工具"菜单，选择"模板和加载项"，单击"管理器"，选择右边"Normal"中的"关闭文件"，出现并单击"打开文件"按钮，打开 C:\win2004GJW\KSML1\KSDOT3.DOC，单击"确定"按钮。

步骤二：在右侧"KSDOT3"中选择"正文段落"，单击"复制"，将"正文段落"样式复制到 KS3-1 文件中，单击"关闭"按钮，如图 3-1-2 所示。

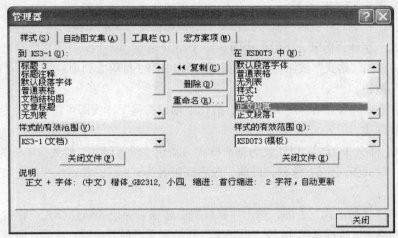

图 3-1-2　管理器

步骤三：选中文章的前 4 段，在"格式工具栏"上单击"样式"按钮向下箭头，选择"正文段落"。

2. 样式修改。

● 按【样文 3-1B】，以正文为基准样式，修改"重点正文"样式，字体为仿宋，字号为小四，字形加粗，为段落填充-10%的灰色底纹，自动更新对当前样式的改动，并应用于正文第 5 段。

步骤一：单击"格式"菜单，选择"样式和格式"，窗口右侧弹出样式列表，单击"重点正文"的下拉箭头，选择"修改"，如图 3-1-3 所示。

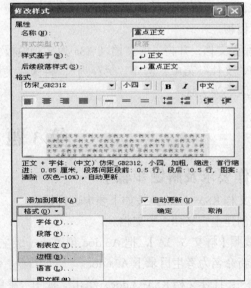

图 3-1-3　修改样式

步骤二：在弹出选项内容中按要求设置格式，即仿宋字体，字号小四，字形加粗。单击"格式"按钮，选择"边框"，单击"底纹"选项卡，设置"灰色-10%"的底纹。

步骤三：把"自动更新"前的复选框打上"√"，单击"确定"按钮。

● 按【样文 3-1B】，将"项目符号"修改为：字体为仿宋，字号为小四，项目符号✓，并应用在正文第 6、7、8、9 段。

步骤一：在右侧"样式和格式"列表里单击"项目符号"的下拉箭头，选择"修改"，按要求设置格式：字体为仿宋，字号为小四。

步骤二：单击"格式"按钮，选择"编号"，选中第 2 行第 2 列项目符号为"✓"的模式，单击"确定"按钮。

步骤三：选中正文第 6、7、8、9 段，应用"项目符号"样式即可。

3．新建样式。

● 按照【样文 3-1C】，以正文为基准样式，新建"段落格式"样式，字体为华文细黑，字号为小四，行间距固定值 18 磅，段前、段后间距各为 0.5 行，并应用在正文第 1 段及其之后的段落。

在右侧"样式和格式"上部，单击"新样式"按钮，弹出"新建样式"窗口，按题目要求设定样式的格式。选择从第 10 段"近年来"开始到文章最后一段，应用"段落格式"样式即可。

第 2 题

【操作要求及解题步骤】

打开文档 KS3-2.doc，按如下要求进行操作。

1. 样式应用。

同前，略。

2. 样式的修改和新建。

同前，略。

创建模板。

● 保存文档，并将当前文档以 A3a 为文档模板名另存为考生目录下模板文件。

单击"文件"菜单，选择"另存为"，将保存类型更改为"文档模板"，保存至指定的文件夹里，取名为 A3a。

第 3 题

【操作要求及解题步骤】

打开文档 KS3-3.doc，按如下要求进行操作。

1．创建主控文档、子文档。

● 按照【样文 3-3A】，把 A3.doc 创建成一级主控文档，把标题"习题 12"创建成子文档，并重新命名为考生目录下 A3a.doc。

步骤一：打开文档 KS3-3.doc，单击"视图"菜单，选择"大纲"，弹出"大纲"工具栏，如图 3-3-1 所示。更改大纲工具栏上的"显示所有级别"为"显示级别 2"，得出如图 3-3-2 所示的效果的主控文档。

图 3-3-1　大纲视图

图 3-3-2　主控文档

步骤二：单击文档底部"习题 12"前的加号，单击"大纲工具栏"上的"创建子文档"按钮，如图 3-3-3 所示。如无法找到"创建子文档"图标，请展开"主控文档视图"，如图 3-3-4 所示。"习题 12"建立子文档后的效果如图 3-3-5 所示。

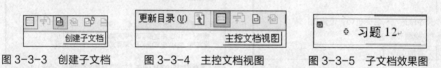

图 3-3-3　创建子文档　　　图 3-3-4　主控文档视图　　　图 3-3-5　子文档效果图

步骤三：（加号前有个文档编辑图标）双击此"文档图标"可打开新文档窗口，把此新文档以 A3a.doc 保存至指定的文件夹。

2．创建题注、书签。

为文档中每个插图下方的图题位置设立如"图 1、图 2……"等所示的题注(可以选择前 3 个图添加)。

从第一页开始查找文档中的图片，选择第一张图片，单击"插入"菜单，选择"引用"下的"题注"，在弹出的"题注"窗口中选择新建标签，输入"图"，单击"确定"按钮，"题注"对话框如图 3-3-6 所示，再单击"确定"按钮。后两个图添加题注，只需在相应插入题注的位置上单击"插入"→"引用"→"题注"即可。

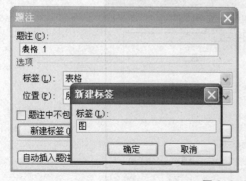
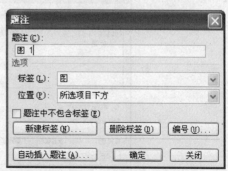

图 3-3-6　题注

● 在标题"12.1 激活单元格"位置处插入书签"第一节标题"。

通过查找功能找到"12.1 激活单元格"处内容并选中，单击"插入"菜单，选择"书签"，在弹出来的"书签"对话框中输入书签名"第一节标题"，单击"添加"按钮，如图 3-3-7 所示。

3．自动编写摘要。

● 生成自动编写摘要，摘要类型为新建一篇文档并将摘要置于其中，摘要长度为原长度的 12%，把此摘要以"A3b.doc"为标题名，保存到考生文件夹中。

执行"工具"菜单，选择"自动编写摘要"（注意保证视图方式为页面模式），在弹出的窗口中按题目要求，即新建一篇文档并将摘要置于其中，摘要长度为原长度的 12%（默认只有 10%与 20%数值可自行修改），调整完参数后确定，可生成一新摘要文档，将文档以 A3b.doc 保存至指定的文件夹，如图 3-3-8 所示。

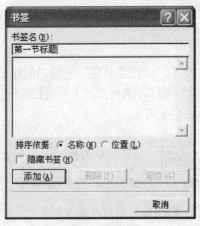

图 3-3-7　书签

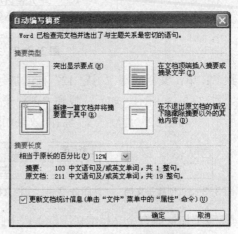

图 3-3-8　自动编写摘要

4．创建目录。

● 按照【样文 3-3B】，建立目录放在文档首部，目录格式为正式、显示页码、页码右对齐，显示级别为 3 级，制表符前导符为……。

定位光标在 KS3-3 文档首部，执行"插入"菜单，选择"引用"下的"索引与目录"，在弹出的"索引与目录"对话框中按要求设定参数，显示页码，页码右对齐，显示级别 3 级，前导符为……，如图 3-3-9 所示，单击"确定"按钮。

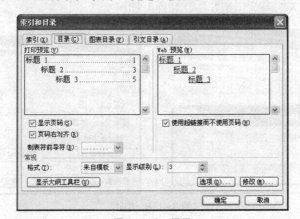

图 3-3-9　目录

第 4 题

【操作要求及解题步骤】

打开文档 KS3-4.doc，按如下要求进行操作。

1．创建主文档、数据源。

● 以当前活动窗口为邮件合并主文档，套用信函的形式创建主文档，打开数据源 KSML1\KSSJY3-4.xls。

打开"工具"菜单中的"信函与邮件"下的"显示邮件合并工具栏"命令，或在菜单栏中单击鼠标右键，在弹出的快捷菜单中选择"邮件合并"，如图 3-4-1 所示。在"邮件合并工具栏"上单击"设置文档类型"按钮，选择"信函"(这也是缺省的文档类型)，单击"确定"按钮。单击"打开数据源"按钮，在"选取数据源"对话框中选择 C:\Win2004GJW\KSML1\KSSJY3-4.xls ，单击"确定"按钮。

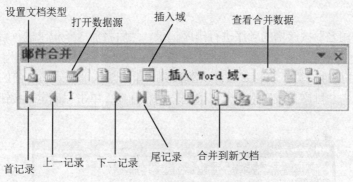

设置文档类型　　打开数据源　　插入域　　查看合并数据

首记录　　上一记录　　下一记录　　尾记录　　合并到新文档

图 3-4-1　"邮件合并"工具栏

2．编辑主文档。

● 按照【样文 3-4】所示，在当前主文档的"您好"前面插入合并域"公司名"。

将鼠标定位在文档"您好"的前面，单击邮件合并工具栏"插入域"按钮，在弹出的"插入合并域"对话框里选择"公司名"，如图 3-4-2 所示。

● 按照【样文 3-4】所示，在文档结尾处插入适当的 Word 域，使其在每次合并完成时能输入所需日期，该域所用到的提示文字是"请输入日期!"，默认填充文字"年月日"，默认时间为 2004 年 9 月 1 日。

单击邮件合并工具栏"插入 Word 域"的 Fill-in 功能，提示处输入"请输入日期"，默认填充文字输入"2004 年 9 月 1 日"，如图 3-4-3 所示。

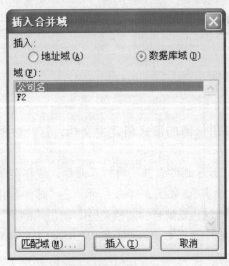

图 3-4-2 插入域

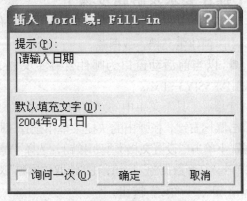

图 3-4-3 插入 Word 域

3. 合并邮件。

● 依据"公司名"按递增的顺序进行排序记录，然后将前 3 条记录进行合并，将结果覆盖原文件。

步骤一：单击邮件合并工具栏"收件人"按钮，单击表头"公司名"前的黑色小箭头，选择"高级"，单击"排序记录"选项卡，依据公司名升序，单击"确定"按钮，如图 3-4-4 所示。

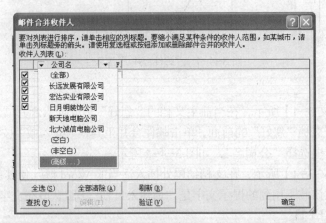

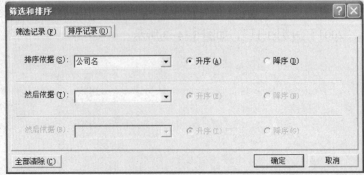

图 3-4-4 排序

步骤二：单击"邮件合并工具栏"的"合并到新文档"按钮，选择从 1 到 3，将前 3 条记录合并到新文档，单击"确定"按钮，保存，如图 3-4-5 所示。

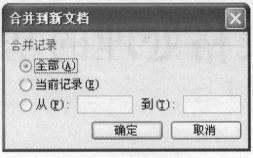

图 3-4-5　合并到新文档

第 5 题

【操作要求及解题步骤】

打开文档 KS3-5.doc，按如下要求进行操作。

1.和 2.同前，略。

3. 合并邮件。

● 依据"欠费金额"按递减的顺序进行排序记录，然后将"欠费金额"在 400 以上的记录进行合并，将结果覆盖原文件。

步骤一：单击邮件合并工具栏"收件人"按钮，单击表头"欠费金额"前的黑色小箭头，选择"高级"，单击"排序记录"选项卡，依据欠费金额降序排序，单击"确定"按钮。

步骤二：单击表头"欠费金额"前的黑色小箭头，选择"高级"，单击"筛选记录"选项卡，在"域"里选择"欠费金额"，在"比较关系"里选择"大于或等于"，在"比较对象"里输入"400"，单击"确定"按钮。

步骤三：单击"邮件合并工具栏"的"合并到新文档"按钮，单击"确定"按钮，询问日期确定后，保存。

第 6 题

【操作要求及解题步骤】

打开文档 KS3-6.doc，按如下要求进行操作。

前 2 点同前，略。

3. 合并邮件。

● 筛选出系别为"新闻"的记录进行合并，将结果覆盖原文件。

单击邮件合并工具栏"收件人"按钮，单击表头"系别"前的黑色小箭头，选择"新闻"，确定。单击"合并到新文档"按钮，单击"确定"按钮，询问日期确定后，保存。

PART 4

第四单元
数据表格处理的基本操作

第 1 题

【操作要求及解题步骤】

在电子表格软件中打开文档 KS4-1.xls 进行如下操作。

1. 表格的环境设置与修改。

● 按【样文 4-1A】,在 Sheet1 工作表表格的标题行之前插入一空行。

把光标放在标题行所在的行,即第 1 行,单击鼠标右键选择"插入",即可在标题行之前插入一空行,如图 4-1-1 所示。

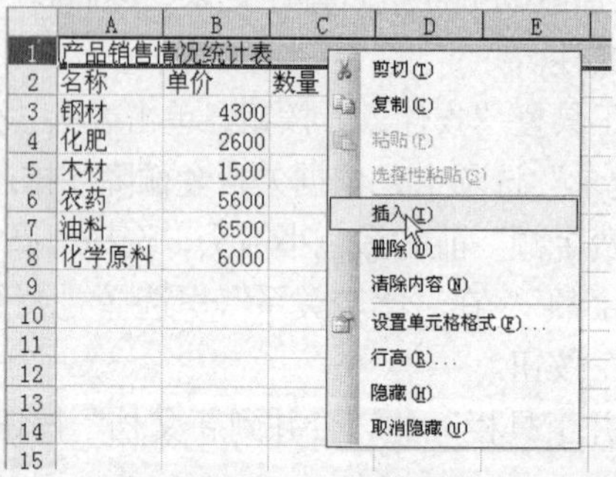

图 4-1-1 插入空行

● 按【样文 4-1A】,将标题行行高设为 25,将标题单元格名称定义为"统计表"。

步骤一:把光标放在标题所在的行,即第 2 行,单击鼠标右键选择"行高",在弹出的行高对话框中"行高"右侧输入值 25,单击"确定"按钮,如图 4-1-2 所示。

图 4-1-2 行高

步骤二：单击标题所在的单元格（选中后编辑栏会显示标题文字），单击"插入"菜单，选择"名称"下的"定义"，在"定义名称"对话框的"当前工作簿中的名称"中输入"统计表"，单击"确定"按钮，如图 4-1-3 所示。

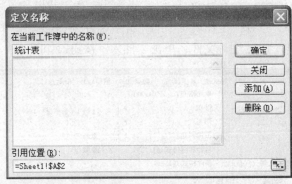

图 4-1-3　名称定义

2．表格格式的编排与修改。

● 按【样文 4-1A】，将 Sheet1 工作表表格的标题 A2:D2 区域设置为：合并居中，垂直居中，字体为楷体、加粗、12 磅，黄色底纹，蓝色字体。

步骤一：选中 A2:D2 区域，在格式工具栏中单击"合并及居中"按钮（图 4-1-4 中的右上角），或者单击鼠标右键选择"单元格格式"，在"对齐"选项卡里，设置水平对齐为"居中"，垂直对齐为"居中"，如图 4-1-4 所示。

图 4-1-4　合并及居中

步骤二：在格式工具栏中设置字体为楷体、加粗、12 磅，单击"填充颜色"按钮设置黄色底纹，"字体颜色"设置为蓝色，如图 4-1-5 所示。

图 4-1-5　底纹的设置

● 按【样文 4-1A】，将数字单元格的数字居中，将最后一行的底纹设置为鲜绿色。

选中数字单元格区域，在格式工具栏中单击"居中"按钮，在填充颜色下拉框中选中"鲜绿色"。

● 将 C:\Win2004GJW\KSML3\TU4-1.jpg 设定为工作表背景。

单击"格式"菜单，选择"工作表"下的"背景"，在弹出的"工作表背景"对话框中，按照题目要求找到 TU4-1.jpg 图片文件，单击"插入"按钮，如图 4-1-6 所示。

图 4-1-6　工作表背景设置

3. 数据的管理与分析。

● 按【样文 4-1B】，计算 Sheet2 工作表中"单价"的平均值，将结果填入相应的单元格中。

单击"Sheet2"工作表，鼠标定位在 C10 单元格，单击常用工具栏"自动求和"向下箭头，选择"平均值"。

● 按【样文 4-1B】，在 Sheet2 工作表中按"销售收入"递减排序。

单击"数据"菜单，选择"排序"，单击弹出的"排序"对话框中的"主要关键字"下拉按钮，选择"销售收入"，右侧选择"降序"，然后单击"确定"按钮，如图 4-1-7 所示。

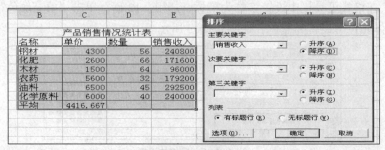

图 4-1-7　排序

● 按【样文 4-1B】所示，利用条件格式将 Sheet2 工作表中"销售数量"数据区中介于 40 至 60 之间的数据设置为粉红色底纹。

选中 D4:D9 数据区域，单击"格式"菜单中的"条件格式"，在"条件格式"对话框中"介于"的右侧分别填上 40、60，单击下面的"格式"按钮，在"单元格格式"对话框中选择"图案"，然后选择粉红色，单击"确定"按钮，再在"条件格式"对话框中单击"确定"按钮，如图 4-1-8 所示。

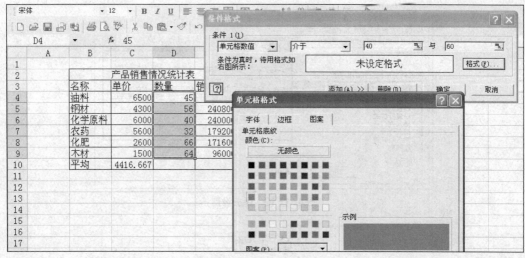

图 4-1-8　条件格式

4．图表的运用。

● 按【样文 4-1C】，利用 Sheet3 工作表中相应的数据，在 Sheet3 工作表中创建一个三维饼图图表，显示数值。

步骤一：单击 Sheet3 工作表，选中销售收入 E3:E9 一列，按住"Ctrl"键，选中名称 B3:B9 一列，单击"插入"菜单中的"图表"，在"图表向导"对话框中，选择"三维饼图"，单击"下一步"按钮。

步骤二：在"系列产生在"中选择"列"，单击"下一步"按钮，单击"数据标志"选项卡，选中"数据标签包括"中的"值"选项，单击"下一步"按钮，选择"作为其中的对象插入"，单击"完成"按钮即可，如图 4-1-9 所示。

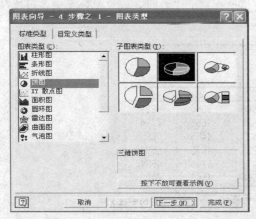
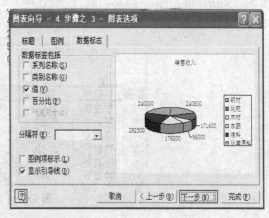

图 4-1-9　图表设置

5．数据、文档的修订与保护。

● 保护 Sheet2 工作表内容，密码为"giks4-1"。

单击 Sheet2 工作表，单击"工具"菜单中的"保护"，选择"保护工作表"，弹出"保护工作表"对话框，选中上面的"保护工作表及锁定的单元格内容"，然后输入密码，单击"确定"按钮，在"确认密码"对话框中重新输入一样的密码，单击"确定"按钮，如图 4-1-10 所示。

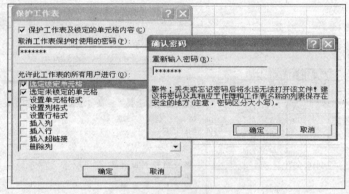

图 4-1-10　保护设置

第 2 题

【操作要求及解题步骤】

在电子表格软件中打开文档 KS4-2.xls 进行如下操作。

1．表格的环境设置与修改。

● 按【样文 4-2A】，在 Sheet1 工作表表格的标题行下方插入一空行，将表格中"科技部"行与"办公室"行对调。

步骤一：把光标放在第 2 行，单击鼠标右键选择"插入"，即可在标题行下方插入一空行。

步骤二：光标放在第 4 行，选中"科技部"所在行，鼠标出现空心箭头状时，按下"Shift"键，拖动鼠标左键，此时出现一条虚线，当虚线处在"办公室"所在行的上方或下方时，放开鼠标左键，再放开"Shift"键；同理，选中"办公室"所在行，鼠标出现空心箭头状时，按下"Shift"键，拖动鼠标左键，虚线处在学生部所在行的上方时，放开鼠标左键，再放开"Shift"键，如图 4-2-1 所示。

1	预算执行情况统计表				
2					
3	部门	1998年	1999年	2000年	2001年
4	科技部	4545	5755	5654	8895
5	学生部	4554	5686	5566	8889
6	教务处	5022	7885	4555	7784
7	办公室	1222	7485	4465	6855
8	教材科	2333	7885	4545	4578
9	德育处	4566	5478	6745	4587
10	教育处	3545	2566	4568	7889

图 4-2-1　行移动

后 3 点同前，略。

第 3 题

【操作要求及解题步骤】

在电子表格软件中打开文档 KS4-3.xls 进行如下操作。

1．表格的环境设置与修改。

● 在工作簿中插入 Sheet4 工作表，并把它移至 Sheet3 工作表之后，将 Sheet1 工作表重命名为"贸易统计"。

步骤一：将鼠标移到 Sheet2 处（也可以是别的表），单击鼠标右键选择"插入"，在弹出的对话框中选中"工作表"，单击"确定"按钮，如图 4-3-1 所示。

步骤二：在 Sheet4 处单击鼠标右键，选择"移动或复制工作表"，在弹出的对话框中选中"移到最后"，单击"确定"按钮即可，如图 4-3-2 所示。或者在 Sheet4 处按下鼠标左键不放，当出现一倒角三角形后拖动鼠标到 Sheet3 工作表后，放开鼠标即可。

步骤三：双击 Sheet1 工作表，重命名为"贸易统计"。

 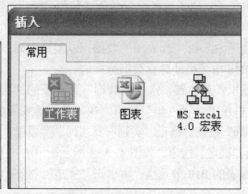 

图 4-3-1 插入工作表　　　　　　　图 4-3-2 移动工作表

2．表格格式的编排与修改。

● 按【样文 4-3A】，将 Sheet1 工作表表格的标题 A1:G1 区域设置为合并居中、垂直居中，字体为华文行楷，字号为 20 磅。

选中 A1:G1 区域，在格式工具栏中单击"合并及居中"按钮，或者单击鼠标右键选择"单元格格式"，在"对齐"选项卡里，设置水平对齐为"居中"，垂直对齐为"居中"。在格式工具栏设置字体为"华文行楷"，字号为 20 磅。

● 按【样文 4-3A】，将表格的表头行字体加粗；将表格的第一列加粗；将表格中数据区域的数值设置为货币样式，无小数位；给全表加上淡灰色底纹，白色字体。

步骤一：选中表头区域，即 A2:G2 单元格区域，然后在格式工具栏中单击"加粗"按钮。第一列（A3:A7）也一样加粗。选中数值类型的数据区域，右键选择"设置单元格格式"。在弹出的"单元格格式"对话框中选择"货币"样式，小数位数为 0，单击"确定"按钮，如图4-3-3 所示。

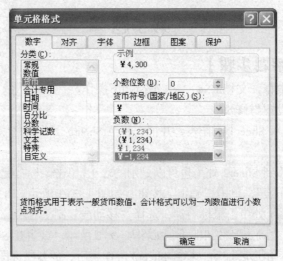

图 4-3-3　单元格格式

步骤二：选中全表，在格式工具栏里选择填充颜色"灰色-25%"，字体颜色选择白色。

3．数据的管理与分析。

● 按【样文 4-3B】，使用 Sheet2 工作表中的数据，以类别为列字段，以 1 至 6 月份为求和项，从 Sheet2 工作表的 B15 单元格处建立数据透视表。

将鼠标放在表格数据区域里任意位置，选择"数据"菜单下的"数据透视表和数据透视图"，单击"下一步"按钮，再单击"下一步"按钮，在"数据透视表和数据透视图向导—3步骤之 3"对话框里单击"布局"按钮，拖动"类别"到"列"字段里，分别将"1 至 6 月份"拖动到"数据"字段里，单击"确定"按钮，如图 4-3-4 所示。单击"下一步"按钮，在"现有工作表中"选择 Sheet2 工作表的 B15 单元格，再单击"完成"按钮。

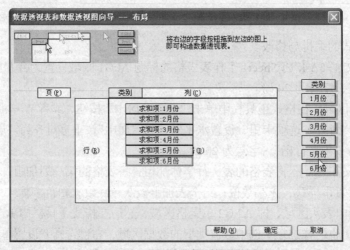

图 4-3-4　数据透视表和数据透视图

● 按【样文 4-3B】，使用条件格式将 Sheet2 工作表透视表中 1 至 6 月份各行业贸易额介于 3000 与 5000 之间的数据设置为玫瑰红色底纹。

选中透视表中相应的数据区域，单击"格式"菜单的"条件格式"，在弹出的"条件格式"的"介于"的右侧分别填上：3000、5000，然后单击下面的"格式"按钮，在"单元格格式"

对话框中选择"图案",选择玫瑰红色,单击"确定"按钮,再在"条件格式"对话框中单击"确定"按钮。

4．图表的运用。

● 按【样文 4-3C】利用 Sheet3 工作表中相应的数据,在 Sheet3 工作表中创建一个复合饼图图表,显示百分比。

单击 Sheet3 工作表,选中"批发零售业"一行(A3:G3),单击格式工具栏中的"图表向导",在弹出的"图表向导"对话框中,选择"复合饼图",然后单击"下一步"按钮。在"系列产生在"选择"行",单击"下一步"按钮。选择"标题"选项卡,输入标题"批发零售业",选择"数据标志"选项卡,在下面选中"百分比"一项,单击"下一步"按钮,如图 4-3-5 所示。

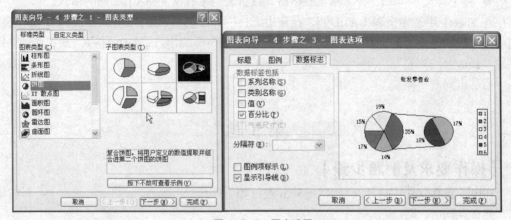

图 4-3-5 图表设置

5．数据、文档的修订与保护。

● 保护 Sheet3 工作表对象,密码为"giks4-3"。

单击 Sheet3 工作表,单击"工具"菜单中的"保护",选择"保护工作表",弹出"保护工作表"对话框,选中上面的"保护工作表及锁定的单元格内容",然后输入密码,单击"确定"按钮,在"确认密码"对话框中重新输入一样的密码,单击"确定"按钮。

第 4 题

【操作要求及解题步骤】

在电子表格软件中打开文档 KS4-4.xls 进行如下操作。

前 2 点同前,略。

3．数据的管理与分析。

● 按【样文 4-4B】,使用 Sheet2 工作表中的数据,将甲乙两部门的数据进行求和合并计算,并将标题设置为"第 1 季度销售额总表"。

步骤一：单击 Sheet2 工作表后,在表右边选择一个空白单元格,单击"数据"菜单下的"合并计算"。在弹出的"合并计算"对话框中把原来引用的位置删除,鼠标切换到"引用位置"处,选择区域"A3：D9",单击"添加"按钮,再选择"A15：D22",单击"添加"按钮,如图 4-4-1 所示。

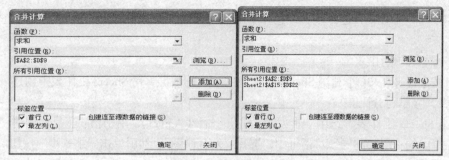

图 4-4-1 合并计算

步骤二：按照样文，补上缺少的字段名及标题。

● 按【样文 4-4B】，将工作表表格格式设置为与【样文 4-4A】相同的格式。

在 Sheet1 中选中全表（A1:D9），在常用工具栏那里单击"格式刷"，在 Sheet2 工作表中选中刚才我们做出来的合并计算表。在显示区域出现"#"的地方，选择"格式"菜单中的"列"下的"最适合的列宽"。

后 2 点同前，略。

第 5 题

【操作要求及解题步骤】

在电子表格软件中打开文档 KS4-5.xls 进行如下操作。

前 2 点同前，略。

3. 数据的管理与分析。

● 按【样文 4-5B】，在 Sheet2 工作表中使用公式计算出应发工资，并填入相应单元格中。

单击 Sheet2 工作表，在"应发工资"下方单元格中输入"="，然后单击"C3"单元格，输入"+"，单击"D3"单元格，输入"+"，单击"E3"单元格，输入"–"，单击"F3"单元格，按下"回车"即可，如图 4-5-1 所示。鼠标放在 G3 右下角出现"+"号，拖动鼠标左键将其余的"应发工资"求出来。

4. 图表的运用。

与同前，略。

5. 数据、文档的修订与保护。

● 保护工作簿结构，密码为"giks4-5"。

单击"工具"菜单中的"保护"，选择"保护工作簿"，弹出"保护工作簿"对话框，选中"结构"，然后输入密码，单击"确定"按钮，在"确认密码"对话框中重新输入一样的密码，单击"确定"按钮，如图 4-5-2 所示。

图 4-5-1 公式

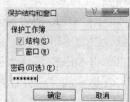

图 4-5-2 保护工作簿

第 6 题

【操作要求及解题步骤】

在电子表格软件中打开文档 KS4-6.xls 进行如下操作。

前 2 点同前，略。

3. 数据的管理与分析。

● 按【样文 4-6B】，在 Sheet2 工作表表格中，筛选出"职称"为"讲师"，"基本工资"小于等于"700"的值。

单击 Sheet2 工作表后，将鼠标放在表格数据区域里任意位置，单击"数据"菜单下的"筛选"。单击"职称"右下角倒三角形，选择"讲师"。单击"基本工资"右下角倒三角形，选择"自定义"，在弹出的对话框中"基本工资"下面选择"小于或等于"，在右侧输入"700"，单击"确定"按钮，如图 4-6-1 所示。

后 2 点同前，略。

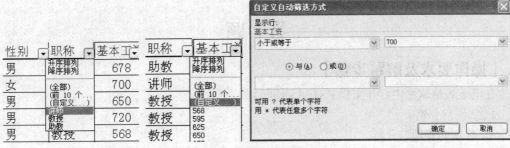

图 4-6-1 筛选

第 7 题

【操作要求及解题步骤】

在电子表格软件中打开文档 KS4-7.xls 进行如下操作。

前 2 点同前，略。

3. 数据的管理与分析。

● 按【样文 4-7B】，使用 Sheet2 工作表表格中的内容，以"性别"为分类汇总字段，以年龄为汇总项，进行求平均值的分类汇总。

步骤一：单击 Sheet2 工作表，将鼠标放在表格数据区域里任意位置，单击"数据"菜单下的"排序"，在弹出的"排序"对话框的"主要关键字"中选择"性别"，右侧选择"升序"，单击"确定"按钮。

步骤二：将鼠标放在表格数据区域里任意位置，单击"数据"菜单下的"分类汇总"，在弹出的对话框中，"分类字段"处选择"性别"，在"汇总方式"处选择"平均值"，在"选定汇总项"处选择"年龄"，然后单击"确定"按钮，如图 4-7-1 所示。

步骤三：单击左侧负号折叠。

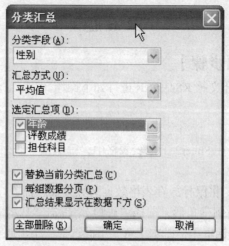

图 4-7-1 分类汇总

后 2 点同前，略。

第 8 题

【操作要求及解题步骤】

在电子表格软件中打开文档 KS4-8.xls 进行如下操作。

1、2 同前，略。

3. 数据的管理与分析。

● 按【样文 4-8B】，使用 Sheet2 工作表表格中的内容，以"学历"和"职务"分别为分类汇总字段，以"总收入"为汇总项，进行求平均值的嵌套分类汇总。

步骤一：将鼠标放在表格数据区域里任意位置，单击"数据"菜单下的"分类汇总"，在弹出的对话框中，"分类字段"处选择"学历"，在"汇总方式"处选择"平均值"，在"选定汇总项"处选择"总收入"，然后单击"确定"按钮。

步骤二：单击"数据"菜单下的"分类汇总"，在弹出的对话框中，"分类字段"处选择"职务"，在"汇总方式"处选择"平均值"，在"选定汇总项"处选择"总收入"。注意，"替换当前分类汇总"前的"√"应取消。单击"确定"按钮，如图 4-8-1 所示。

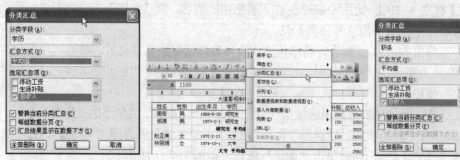

图 4-8-1 嵌套分类汇总

第 9 题

【操作要求及解题步骤】

在电子表格软件中打开文档 KS4-9.xls 进行如下操作。

1. 同前，略。

2. 表格格式的编排与修改。

● 将表格中的标题行和表头行设置为打印标题的顶端标题行。

单击"文件"菜单下的"页面设置"，选择"工作表"选项卡，鼠标切换到"顶端标题行"，
选中标题行到表头行的连续区域（第 2~4 行），单击"确定"按钮，如图 4-9-1 所示。

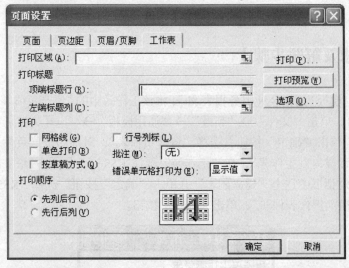

图 4-9-1 打印标题

第五单元
数据表格处理的综合操作

第 1 题

【操作要求及解题步骤】

1. 模板调用。

● 调用现有模板"运输企业财务报表.xlt",将该工作簿中的"资产负债表"复制到 A5.xls。

打开 KS5-1,单击"文件"→"新建"→"通用模板"→"电子方案表格"选择"运输企业财务报表",单击"确定"按钮,选择"资产负债表",对准"资产负债表"工作表名按右键,选择"移动或复制工作表",在"工作簿"选择 KS5-1,如图 5-1-1 所示,在"移动或复制工作表"对话框中选上"建立副本"并单击"确定"按钮。选择"KS5-1"→"工具"→"保护"→"撤消工作表保护",单击"保存"按钮。

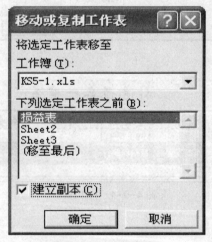

图 5-1-1 复制工作表

2. 公式的嵌入。

● 按【样文 5-1A】所示,将模板"运输企业财务报表. xlt"中"损益表"的公式格式,复制到 A5.xls 的"损益表"中,使其自动完成计算功能。

选择"report51"工作簿,选择"损益表",选择表格行次为"7"的右面两个单元格,即"D11:E11",按右键复制,选择 KS5-1 工作簿,选择"损益表",选择表格行次为"7"的右面两个单元格,即"D11:E11",按右键复制,选择性粘贴,选择"公式"和"跳过空单元格",如图 5-1-2 所示,单击"确定"按钮。以此类推。

图 5-1-2　选择性粘贴

3．工作簿间数据的复制。

● 按照【样文 5-1B】所示，将 KS5-1A.xls 工作簿中的数据复制到 A5.xls 的"资产负债表"的相应栏目。

打开文件 KS5-1A.xls，选择 Sheet1 表，选择表格行次为"1"至"4"右面的两列单元格，即"D8：E11"，按右键复制，选择 KS5-1 工作簿，选择"资产负债表"，选择表格行次为"1"至"4"右面的两列单元格，即"D7：E10"，单击右键，选择粘贴。以此类推。

4．工作簿的共享。

● 将 A5.xls 工作簿设置为允许多用户编辑共享。

选择 KS5-1 工作簿，选择"工具"→"共享工作簿"→"编辑"，选择"允许多用户编辑共享"。

第 2 题

【操作要求及解题步骤】

在电子表格软件中，打开文档 KS5-2.xls，重命名 Sheet1 工作表为"贷款试算表"，并按下列要求操作。

1．格式设置。

● 按照【样文 5-3A】，设置"月偿还额"一列单元格的数字格式为货币，保留两位小数。

选择单元格"E2:E8"，单击右键，选择"设置单元格格式"→"数字"→"货币"，小数位数为"2"，货币符号为"￥"，负数为红色和带负号，单击"确定"按钮，如图 5-2-1 所示。

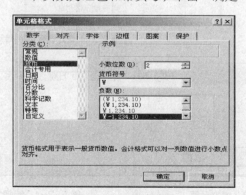

图 5-2-1　格式设置

2．单变量分析。

● 按照【样文 5-3A】所示，利用模拟运算表来进行单变量问题分析，运用 PMT 函数，实现通过"年利率"的变化计算"月偿还额"的功能。

选定 E3 单元格，单击"插入"→"函数"，单击选择"pmt"，单击"确定"按钮，在"Rate"里选择 C5/12，在"Nper"里选择 C6，在"Pv"里选择 C4，如图 5-2-2 所示，单击"确定"按钮。

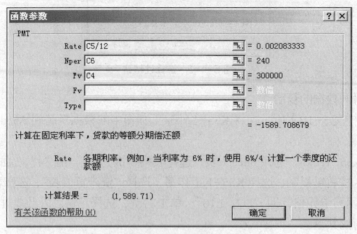

图 5-2-2　单变量分析

选定区域 D3:E8，单击"数据模拟运算表，"在"输入引用列的单元格里："选择 C5 单元格，如图 5-2-3 所示，单击"确定"按钮。

3．创建、编辑、总结方案。

● 按照【样文 5-3B】所示，在方案管理器中添加一个方案，命名为"KS5-2"。

● 设置"年利率"为可变单元格，输入一组可变单元格的值为"6％、7％、8％、9％、10％"。

● 设置"月偿还额"为结果单元格，报告类型为"方案总结"。

单击"工具"→"方案"→"添加"，在"方案名"里输入 KS5-2，在可变单元格里选择区域 D4:D8，如图 5-2-4 所示，单击"确定"按钮。

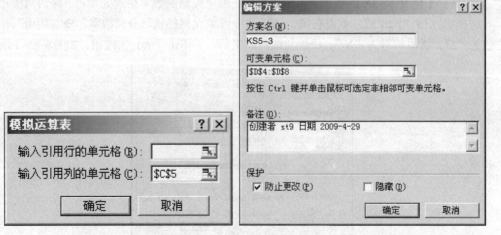

图 5-2-3　模拟运算　　　　　　　　　图 5-2-4　编辑方案

在"输入每个可变单元值"里第 1～5 行分别输入 0.06、0.07、0.08、0.09、0.1，如图 5-2-5 所示，单击"确定"按钮，单击"摘要"，在"结果单元格"里选择 E4:E8，单击"确定"按钮，如图 5-2-6 所示。

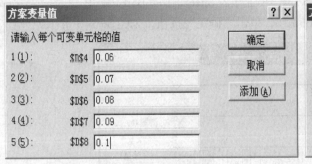

图 5-2-5　方案变量值

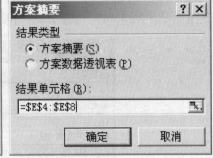

图 5-2-6　方案摘要

第 3 题

【操作要求及解题步骤】

在电子表格软件中，打开文档 KS5-3.xls，按下列要求操作。

1. 定义单元格名称。

● 打开 KSML3\KS5-3A.xls 工作簿，在"2001 年上半年部分城市消费水平调查"工作表中，定义单元格 B5:F10 范围的名称为"上半年"，将工作簿另存到考生文件夹中，命名为 A5a.xls。

● 打开 KSML3\KS5-3B.xls 工作簿，在"2001 年上半年部分城市消费水平调查"工作表中，定义单元格 B5:F10 范围的名称为"下半年"，将工作簿另存到考生文件夹中，命名为 A5b.xls。

打开"办公_应用高级(XP 版)\Wind2004GJW\KSML3\ KS5-3A.xls"，在工作表 Sheet1 选定单元格 B5:F10，单击"插入"→"名称"→"定义"，输入"上半年"单击"确定"另存为 A5a，如图 5-3-1 所示。

打开"办公_应用高级(XP 版)\Wind2004GJW\KSML3\ KS5-3B.xls"，在工作表 Sheet1 选定单元格 B5:F10，单击"插入"→"名称"→"定义"，输入"下半年"，单击"确定"按钮， 另存为 A5b，如图 5-3-2 所示。

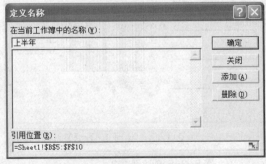

图 5-3-1　定义单元格名称 1　　　　　　　图 5-3-2　定义单元格名称 2

2. 工作簿链接。

● 按照【样文 5-7A】所示，将 A5a.xls 和 A5b.xls 工作簿已定义单元格区域"上半年"

109

第二部分　第五单元　数据表格处理的综合操作

和"下半年"中的数据进行平均值合并计算,结果链接到 A5.xls 工作簿 Sheet1 工作表的相应位置。

打开 KS5-3.xls,选定 B3:F9,在菜单里选择"数据"→"合并计算",在"函数"中选择"平均值",在"引用位置"中选取 KS5-3A.xls 工作表 Sheet1 中的 B5:F10,单击"添加"按钮,选取 KS5-3B.xls 工作表 Sheet1 中的 B5:F10,单击"确定"按钮,如图 5-3-3 所示。

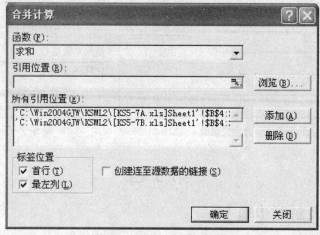

图 5-3-3　合并计算

3.创建图表。

● 按照【样文 5-3B】所示,使用 Sheet1 工作表中的数据创建一簇状柱形图,图表标题为"2001 年部分城市消费水平调查"。

选定 B3:F8,单击"插入"→"图表"→"柱形图"→"簇状柱形图",单击"下一步"按钮,如图 5-3-4 所示。单击"下一步"按钮,系列产生在"列",在"图表标题"中输入"2001 年部分城市消费水平调查",单击"完成"按钮,如图 5-3-5 所示。

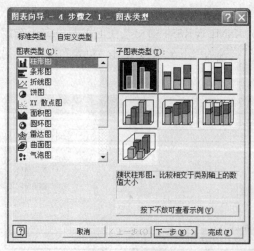

图 5-3-4 创建图表 1

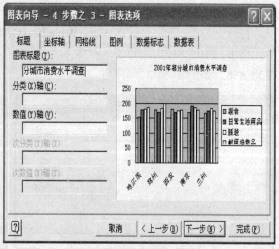

图 5-3-5 创建图表 2

4.添加趋势线。

● 按【样文 5-3B】,在"2001 年部分城市消费水平调查"图表中添加相应的对数趋势线。对绘图区中任一数据单击鼠标右键,选择"添加趋势线",在"趋势预测/回归分析型"

中选择"对数"，在"选择数据系列"中选择"耐用消费品",单击"确定"按钮，如图 5-3-6 所示。

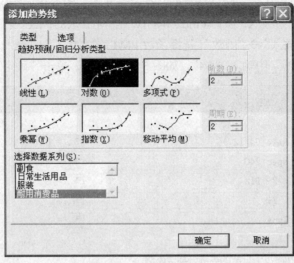

图 5-3-6　添加趋势线

第 4 题

【操作要求及解题步骤】

在电子表格软件中，打开文档 KS5-4.xls，按【样文 5-12】进行下列操作。

1．公式的运用。

● 按照【样文 5-4A】所示，利用函数 PMT 计算出"还款计算表 1"中的"每月应还款"。

打开"办公_应用高级(XP 版)\Wind2004GJW\KSML2\KS5-4.xls"，选择 Sheet1 表，选择单元格 C6，单击"插入"→"函数"，选择函数 PMT，在"Rate"中输入"C4/12"，在"Nper"中输入"C5"，在"Pv"中输入"C3"，如图 5-4-1 所示，单击"确定"按钮。

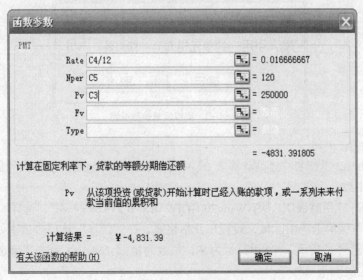

图 5-4-1　函数参数设置

2．双变量分析。

● 按照【样文 5-4B】所示，运用模拟运算表，分析并计算出 Sheet2 中"还款计算表 2"为 240 个月时，"每月应还款"随"贷款额"和"年利率"的变化而相应变化的结果。

打开"办公_应用高级(XP 版)\Wind2004GJW\KSML2\KS5-4.xls"，选择 Sheet2 表，选择单元格 B4，单击"插入" → "函数"，选择函数 PMT，在"Rate"中输入"B12/12"，在"Nper"中输入"240"，在"Pv"中输入"G4"，如图 5-4-2 所示，单击"确定"按钮。

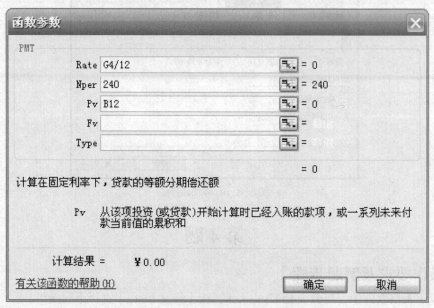

图 5-4-2 双变量分析参数设置

选择区域 B4:F11，单击"数据" → "模拟运算表"，输入引用行的单元格G4，输入引用列的单元格B12，如图 5-4-3 所示，单击"确定"按钮。

图 5-4-3 模拟运算参数设置

3. 格式设置。

● 设置 Sheet2 工作表"还款计算表 2"中计算结果单元格的数字格式为货币，负数为红色，保留两位小数。

打开"办公_应用高级(XP 版)\Wind2004GJW\KSML2\KS5-4.xls"，选择 Sheet2 表，选择区域 C5:F11，右键单击选中区域，设置单元格格式，在"数字"选项中依次做如下设置，即"分类"选项中选择"货币"，货币符号为￥，负数为￥-1,234.10，单击"确定"按钮。

第 5 题

【操作要求及解题步骤】

在电子表格软件中，打开文档 KS5-5.xls，按【样文 5-5】进行下列操作。

1．创建图表。

● 按照【样文 5-5】所示，选取 Sheet1 中适当的数据在 Sheet1 中创建一个嵌入式的堆积柱形图。

打开"办公_应用高级(XP 版)\Wind2004GJW\KSML2\KS5-5.xls"，选取单元格 B3:F10，单击"插入"→"图表"→"柱形图"→"堆积柱形图"，如图 5-5-1 所示，单击"下一步"按钮，在"系列产生在："中选择"行"，如图 5-5-2 所示。

图 5-5-1　图表类型 1　　　　　　　图 5-5-2　图表类型 2

单击"下一步"按钮，在"图表标题"选项中输入"万喜车业有限公司 2003 年销售量统计"，单击"确定"按钮。

2．设定图表的格式。

● 按照【样文 5-5】所示，将图表的标题格式设置为华文行楷、18 号、深蓝，将图例中的字号设置为 9 号，将分类轴和数值轴的文字设置为红色、12.25 号。

在图表中，对准标题"万喜车业有限公司 2003 年销售量统计"单击鼠标右键，选择"图表标题格式"，在"字体"页框分别设置"字体"、"字号"、"颜色"，单击"确定"按钮。

将鼠标放置在"图例"上单击右键，选择"图例格式"，设置"字号"，单击"确定"按钮。对准"数值轴"鼠标单击右键，设置"颜色"、"字号"，单击"确定"按钮。

3．修改图表中的数据。

● 按照【样文 5-5】所示，将第一季度的别克销售量的数据标志改为 2800，并以常规的黄颜色 18 号字体在图中相应位置显示出来，从而改变工作表中的数据。

在图表中，鼠标右键单击第一季度的"别克"，单击"数据点格式"→"数据标志"页，在"数据标志"中选中显示"值"，如图 5-5 所示，单击"确定"按钮。

在相同位置再单击右键，选择"数据标志格式"，"字体"页，颜色改为"黄色"，如图 5-5-4 所示，单击"确定"按钮。将工作表的相应单元格数值改为"2800"。

图 5-5-3 数据点格式　　　　　　　图 5-5-4　数据标志格式

4．为图表添加外部数据。

● 按照【样文 5-5】所示，从 Sheet2 中添加"林肯"和"夏历"2003 年的销售量。

在"图表区"单击右键，选择"数据源"→"系列"页，在"系列"中单击"添加"，"名称"、"值"栏分别选取在"工作表 Sheet2"的对应数据，比如添加索塔纳，在名称框里直接选择索塔纳，在值框里直接选择索塔纳这一行的数据，如图 5-5-5 所示，单击"确定"按钮。添加"夏利"也是一样。

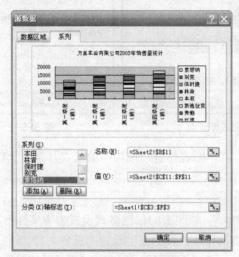

图 5-5-5　源数据设置

第 6 题

【操作要求及解题步骤】

在电子表格软件中，打开文档 A5.xls，按下列要求操作。

1、2 同前，略。

3．添加误差线。

● 按照【样文 5-6】所示，选定图表中"电视机"系列为图表添加一条"误差线"，误差线以"正偏差"的方式显示，"定值"为 200。

在图表中对准"电视机"单击鼠标右键，选择"数据系列格式"→"误差线"页，在"显示方式"里选择"正偏差"，在"误差量"里选择"定值"，填写"200"，单击"确定"按钮，如图 5-6-1 所示。

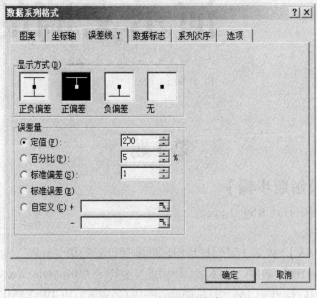

图 5-6-1　数据系列格式

第六单元
演示文稿的制作

第1题

【操作要求及解题步骤】

在演示文稿程序中打开 KS6-1.ppt。

1. 设置页面格式。

● 按【样文 6-lA】，将第 1 张幻灯片中标题字体设置为华文行楷、加粗、红色、阴影。

● 按【样文 6-1B】，在第 2 张幻灯片中插入图片 C:\Win2004GJW\KSML3\KSWJ6-1A.jpg，按【样文 6-1C】，在第 3 张幻灯片中插入图片 C:\Win2004GJW\KSML3 \ KSWJ6-1B.jpg。

步骤一：选中第 1 张幻灯片中的标题文字 "北京市旅游景点介绍"，右键选择 "字体" 选项，中文字体选择 "华文行楷"，字形选择 "加粗"，颜色选择 "红色"，效果选择 "阴影"。

步骤二：选择第 2 张幻灯片，把光标移到标题的后面，选择菜单栏中的 "插入" → "图片" → "来自文件"，找到相应的位置（书本中有）。对图片调整相应的位置、大小，参考书本中的样文。

步骤三：选择第 3 张幻灯片，把光标移到标题的后面，选择菜单栏中的 "插入" → "图片" → "来自文件"，找到相应的位置（书本中有）。对图片调整相应的位置、大小，参考书本中的样文。

2. 演示文稿插入设置。

● 在第一张幻灯片中插入声音文件 KSML3\KSWJ6-1C.mid，循环播放。

选择第 1 张幻灯片，把光标移动到书本样文中的所在位置（标题的前面）。选择 "插入" 菜单中的 "影片和声音" 下的 "文件中的声音"（声音所在位置参考书本）。选好声音后选择 "是"。选择 "是" 即循环播放。然后对声音图片单击右键，选择编辑播放声音，如图 6-1-1 所示。

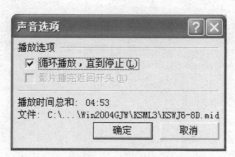

图 6-1-1　声音选项

3. 设置幻灯片放映。

● 设置第 1 张幻灯片的切换效果为从全黑中淡出，速度为慢速，换页方式为单击鼠标换页。

● 设置第 2 张幻灯片的切换效果为溶解，速度为中速，换页方式为单击鼠标换页。

● 设置第 3 张幻灯片的切换效果为向左擦除，速度为中速，换页方式为单击鼠标换页，声音为疾驰。

● 设置第 2 张和第 3 张幻灯片中图片的动画效果为水平百叶窗，风铃的声音，单击鼠标启动动画。

步骤一：选择第 1 张幻灯片，选择"幻灯片的放映"下的"幻灯片切换"，选择右边的"应用于所选幻灯片"、"从全黑中淡出"，速度"中速"，幻灯片方式"单击鼠标换页"。

步骤二：选择第 2 张幻灯片，方法同前，略

步骤三：选择第 3 张幻灯片，选择"幻灯片的放映"下的"幻灯片切换"，选择右边的"应用于所选幻灯片"、"从左边擦除"，速度"中速"，声音"疾驰"。

步骤四：分别选择第 2 张和第 3 张幻灯片中的图片，选择"幻灯片的放映"下的"自定义动画"，选择右边的添加效果。选择"进入"百叶窗，"开始"选择"单击时"，"方向"选择"水平"，"声音"选择"风铃"。

第 2 题

【操作要求及解题步骤】

在演示文稿程序中打开 KS6-2.ppt。

1. 设置页面格式。

● 按【样文 6-2A】，将第 1 张幻灯片中标题占位符设置为渐变色填充的效果，将"2004年雅典奥运会专题报道"设置为加粗、倾斜、蓝色的字体。

具体操作见第 1 题相关操作步骤。

● 按【样文 6-2B】，在第 2 张幻灯片中插入动作按钮，"第一张"动作按钮链接到第 1 张幻灯片，"下一张"动作按钮链接到下一张幻灯片。

选择第 2 张幻灯片，把光标移到样文所在位置，选择菜单栏中的"幻灯片的放映"下的"动作按钮"，先选择按钮"后退或者前一项"，在位置上拖动，画出来，动作按钮选择链接到第一张。再次在空白的地方选择按钮"前进或者后一项"，在位置上拖动，画出来，动作按钮选择链接到下一张。(参考样文放好按钮的位置。)

2、3 同前，略。

第 3 题

【操作要求及解题步骤】

在演示文稿程序中打开 KS6-3.ppt。

1. 设置文档编排格式。

同前，略。

2. 设置演示文稿页面格式。

● 将幻灯片背景全部应用图片 C:\Win2004GJM\KSML3\KSWJ6-3A.jpg 填充。

在第一张上选择"格式"菜单"背景"下拉框中的"填充效果"，在弹出的对话框中选择"图片"选项卡，如图 6-3-1、图 6-3-2 所示。图片所在位置请参考样文。

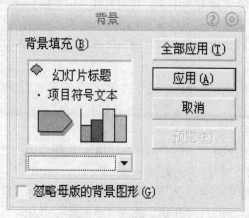

图 6-3-1　背景填充　　　　　　　　　　图 6-3-2　填充效果

● 按【样文 6-3B】，在第 2 张幻灯片中插入动作按钮，分别链接到上一张和下一张幻灯片。

单击第 2 张幻灯片，将其转化为当前幻灯片，选择"幻灯片放映"中的"动作按钮"，选择相应"动作按钮"，对"动作按钮"做相应设置，如图 6-3-3 所示。具体请参考样文。

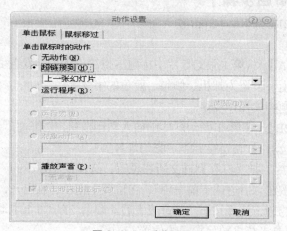

图 6-3-3　动作设置

3、4 同前，略。

第 4 题

【操作要求及解题步骤】

在演示文稿程序中打开 KS6-4.ppt。

1. 设置文档编排格式。

● 按【样文 6-4A】，将第 1 张幻灯片的标题字体设置为华文行楷、60 磅、红色。

选中第 1 张幻灯片中的标题文字"总结过去展望未来",右键选择"字体"选项,中文字体选择"华文行楷",字号选择"60",颜色选择"红色"。

● 在第 1 张幻灯片中添加艺术字副标题,设置艺术字的字体为楷体,字号为 40,形状为波形 1,填充颜色为深蓝,线条为红色。

光标移动到相应的位置,选择"插入"菜单中的"艺术字",输入"红日实业公司",设置字体为楷体,字号为 40。单击"艺术字",在弹出的艺术字工具栏中选择"艺术字形状"中的"波形 1",如图 6-4-1 所示。

图 6-4-1　艺术字形状

单击"艺术字",选择"格式"菜单下的"艺术字",选择填充的颜色为深蓝色,线条为红色,如图 6-4-2 所示。

将所有幻灯片的页脚设置为"汪洋工作室"。

选择"视图"菜单下的"页眉页脚",输入"汪洋工作室",如图 6-4-3 所示。

图 6-4-2　设置艺术字格式

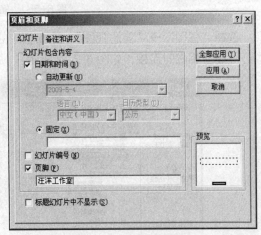

图 6-4-3　页眉页脚的设置

2. 演示文稿的插入设置。

● 按【样文 6-4B】,在第 4 张幻灯片中插入组织结构图。

选择第 4 张幻灯片,把光标移到标题的后面,选择菜单栏中的"插入"→"图片"→"组织结构",找到相应的位置。调整相应的位置、大小,参考样文。输入相应的文字。

3. 设置幻灯片放映。

● 设置第 2 张幻灯片中标题和正文文本的动画效果为从左飞入,按字发送,打字机的声音，在前一事件后 1 秒启动动画效果。

选择第 2 张幻灯片中的标题和文本，选择"幻灯片的放映"→"自定义动画"，选择右边的"填充效果"，选择"进入"飞入，"开始"选择"在前一事件后 1 秒"，声音选择"打字机"。

第 5 题

【操作要求及解题步骤】

在演示文稿程序中打开 KS6-5.ppt。

1. 设置文档编排格式。

略。

2. 演示文稿的插入设置。

● 在第 1 张幻灯片的下方插入一张新的幻灯片。

● 按【样文 6-5A】，将第 2 张幻灯片中的内容与下面的幻灯片建立链接。

选择"视图"→"幻灯片浏览"。光标移动到第 2 张幻灯片后面，单击 Ctrl 按键，选择 2 和 3 的幻灯片，选择工具栏中的插入"摘要幻灯片"，如图 6-5-1 所示。

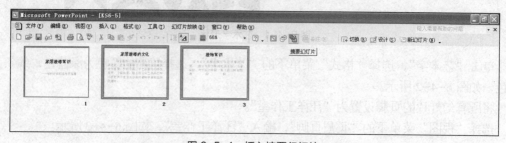

图 6-5-1　插入摘要幻灯片

选择"视图"→"普通视图"，选中相应的文字，单击右键选择"超级链接"，与下面的幻灯片建立相应的连接，如图 6-5-2 所示。

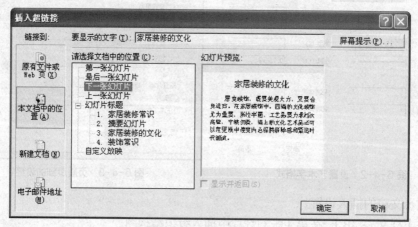

图 6-5-2　插入超级链接

3. 设置演示文稿的页面格式。

略。

第 6 题

【操作要求及解题步骤】

在演示文稿程序中打开 KS6-6.ppt。

1. 设置文档的编排格式。

● 设置第 2 张幻灯片中文本占位符中的项目符号➤，大小为文本的 140%。

选择第 2 张幻灯片的文本，右键选择项目符号与编号。选择第 2 行第 3 个，大小为文本的 140%。

2. 设置演示文稿页面格式。

同前，略。

3. 演示文稿的插入设置。

同前，略。

4. 设置对象格式：按【样文 6-6C】，将第 5 张幻灯片中的坐标轴设置为黄色 3 磅、粗实线。

选择第 5 张幻灯片，双击坐标轴，填充颜色"黄色"，粗细"3 磅"，线型"实线"，如图 6-6-1 所示。

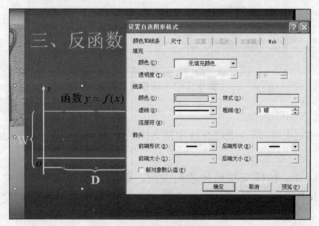

图 6-6-1 坐标轴的填充效果

第 7 题

【操作要求及解题步骤】

在演示文稿程序中打开 A6.ppt。

1. 设置演示文稿页面格式。

● 将所有幻灯片应用设计模板 Nature.pot。

● 在幻灯片母版中修改整个演示文稿中的"文本和线条"颜色为"红色"。

步骤一：选择第 1 张幻灯片，选择"格式"→"幻灯片设计"→选择相应的设计模板。

步骤二：选择第 1 张幻灯片，选择"视图"→"母版"→"幻灯片母版"，单击右边的"配色方案"→"编辑配色方案"→"选择文本和线条"→"更改颜色（蓝色）"，单击"应用"按钮，然后关闭母版（把所有的文本都做一次运用）。

2. 设置文档的编排格式。

● 按【样文 6-7A】，设置第 2 张幻灯片文本占位符中段落的项目符号为●。

● 将第 2 张幻灯片文本占位符中的文本与相应的幻灯片建立超级链接。

● 按【样文 6-7B】，在标题幻灯片中设置页脚，选择日期和时间自动更新、页脚文字"211 工程 6-7"。

步骤一：选择第 2 张幻灯片，选中文本的文字，单击右键，选择项目符号与编号。

步骤二：选择第 2 张幻灯片的相应文本，单击鼠标右键选择"超级链接"，根据样文建立超级链接。

步骤三：选择第 1 张幻灯片，选择"视图"菜单中的"页眉页脚"子菜单，按要求设置，单击"应用"按钮，如图 6-7-1 所示。

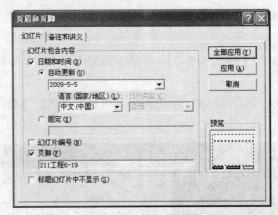

图 6-7-1　设置页眉页脚

3. 设置演示文稿的插入设置。

● 按【样文 6-7C】，在第 6 张幻灯片中插入图片 C:\Win2004GJW\KKSML3\KSWJ6-7.jpg，置于文字底层。

选择第 6 张幻灯片，按样文找到合适的位置，单击"插入"→"图片"→"来自文件"，调整位置，在"图片"上单击鼠标右键，选择"叠放次序"为"置于底层"。

4．设置幻灯片放映。

同前，略。

第七单元
办公软件的联合应用

第1题

【操作要求及解题步骤】

打开文档 KS7-1.doc，按如下要求进行操作。

1. 在文档中插入声音文件。

● 按【样文7-1A】所示，在文件的末尾插入声音文件 C:\Win2004GJW\KSML3\KSWAV7-1. mid，替换图标为 C:\Win2004GJW\KSML3\KSIC07-1.ico，设置对象格式为高 2.22 厘米，宽 3.55 厘米，浮于文字上方。

● 激活插入到文档中的声音对象。

步骤一：把光标移到文件末尾。

步骤二：选择菜单中的"插入"→"对象"，打开"对象"对话框，在对话框里单击"由文件创建"，再单击"浏览"按钮，在"浏览"对话框中选择 Win2004GJW\KSML3\KSWAV7-1.mid 文件，单击"确定"按钮，回到"对象"对话框。

步骤三：把"显示为图标"这项选中，再单击"更改图标"按扭，出现"更改图标"对话框，然后单击"浏览"按钮，在"浏览"对话框中选择 Win2004GJW\KSML3\KSIC07-1.ico 文件，单击"确定"按钮。

步骤四：回到"对象"对话框，单击"确定"按钮。

步骤五：右击声音对象，选择"设置对象格式"，打开对象格式的对话框，单击"大小"选项卡，把"锁定纵横比"和"相对原始图片大小"的勾去掉，在高度框里输入"2.22 厘米"，在宽度框里输入"3.55 厘米"，再单击"版式"选项卡，单击"浮于文字上方"，然后单击"确定"按钮。

步骤六：右击声音对象，选择"包对象"的"激活内容"。

2. 在文档中插入水印。

● 按【样文 7-1A】所示，在当前文档中创建"信息科学"文字水印，并设置水印格式为华文行楷、小型(在 Word2002 中设置尺寸为 90)、红色(半透明)、水平。

步骤一：选择菜单"格式"→"背景"→"水印"。

步骤二：在"水印"对话框中，选择"文字水印"，在文字框中输入"信息科学"，在字体框中选择"华文行楷"，在尺寸框里选择"90"，颜色框里选择"红色"，把"半透明"这项勾上，在版式里选择"水平"，最后单击"确定"按钮。

3. 使用外部数据。

● 在当前文档下方插入工作簿 C:\Win2004GJW\KSMLl\KSSJB7-1.xls，按照【样文 7-1B】所示，将"豫水利水电 98 届毕业答辩"工作表中的数据生成三维簇状柱形图图表工作表，再以 Excel 对象的形式粘贴至当前文档的第二页。

● 按照【样文 7-1C】所示，将第二页对象中的图表类型更改为簇状柱形图，并为图表添加标题。

步骤一：把光标移动到文件末尾，选择菜单"插入"→"对象"，打开"对象"对话框，在对话框里单击"由文件创建"，再单击"浏览"按钮，在"浏览"对话框中选择 Win2004GJW\KSMLl\KSSJB7-1.xls 文件，单击"确定"按钮，回到"对象"对话框，再单击"确定"按钮。

步骤二：对着对象右击，选择"工作表对象"中的"打开"，打开该文件的 Excel 文件。

步骤三：在 Excel 文件中，选择菜单栏的"插入"→"图表"。

步骤四：在图表向导的对话框中，在图表类型框中选择"柱形图"，在子图表类型框中选择"三维簇状柱形图"，如图 7-1-1 所示。

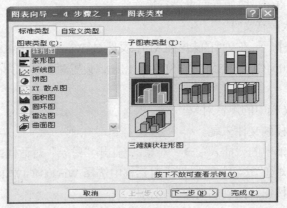

图 7-1- 1　图表类型

单击"下一步"按钮，单击"数据区域"框，选择数据表的 C4 到 G12，在"系列产生在"中选择"行"，如图 7-1-2 所示，最后单击"完成"按钮，如图 7-1-3 所示。

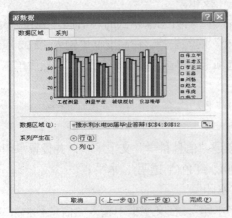

图 7-1-2　源数据

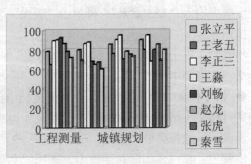

图 7-1-3　图表效果图

步骤五：选择图表，对其右击，选择"复制"。

步骤六：把光标移到文档的第二页，单击菜单栏"编辑"→"选择性粘贴"，在其对话框中选择"图表对象",然后单击"确定"按钮。

步骤七:双击图表对象,单击菜单"图表"→"图表类型",在图表类型框中选择"柱形图",在子图表类型框中选择"簇状柱形图",如图 7-1-4 所示,然后单击"确定"按钮。

步骤八:双击图表对象,单击菜单"图表"→"图表选项",在图表选项对话框中选择"标题"选项卡,在"图表标题"框中输入"答辩成绩",在"分类(X)轴"框中输入"科目",然后单击"确定"按钮。

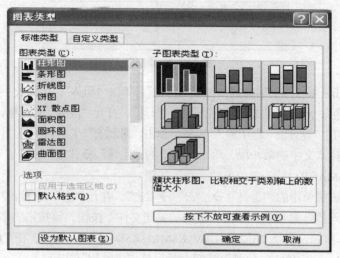

图 7-1-4　更改图表类型

4．在各种办公软件间转换文件格式。

● 保存当前文档,并以 Web 文件类型另存文档,页面标题为"信息科学与技术"。

步骤一:在菜单栏中单击"文件"→"保存"。

步骤二:在菜单栏中单击"文件"→"另存为网页",打开"另存为"对话框,单击"更改标题"按钮,出现其对话框,在页标题框中输入"信息科学与技术",然后单击"确定"按钮,回到"另存为"对话框中,再单击"保存"按扭。

第 2 题

【操作要求及解题步骤】

打开文档 KS7-2.doc,按如下要求进行操作。

1．文档中创建编辑宏。

● 按照【样文 7-2A】所示,以 KSMACR01 为宏名录制宏,将宏保存在当前文档中,要求设置字体格式为华文行楷、加粗、小四、红色,并应用在第 1 段中。

● 按照【样文 7-2A】所示,将 C:\Win2004GJW\KSMLl 中的模板文件 KSDOT7.dot 中的宏 KSMACR02 复制到当前文档中,并应用在第 2 段中。

步骤一:单击菜单中的"工具"→"宏"→"录制宏",打开"录制宏"对话框,在"宏名"框中输入"KSMACRO1",在"将宏保存在"框中选择"A7.doc 文档",然后单击"确定"按钮,如图 7-2-1 所示。

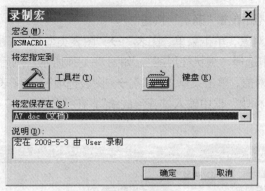

图 7-2-1 录制宏

步骤二：单击工具栏中的字体选择"华文行楷"，单击"粗体"，字体大小选择"小四"，字体颜色选择"褐色"，对本文单击鼠标右键选择"段落"，打开"段落"对话框，在"行距"框中选择"固定值"，在"设置值"框中输入"18"，单击"录制宏"工具栏中的"停止"按钮。

步骤三：选择本文中的第一段，单击菜单中的"工具"→"宏"→"宏"，打开"宏"对话框，选择"KSMACRO1"，并单击"运行"按钮。

步骤四：单击菜单中的"工具"→"宏"→"宏"，打开"宏"对话框，单击"管理器"按钮，打开"管理器"对话框，单击右边的"关闭文件"按钮，该按钮的字就变成了"打开文件"，再单击该按钮，选择 Win2004GJW\KSML1\KSDOT7.dot 文件，在"KSDOT7.dot"的框中选择 New Macros，单击"复制"按钮，最后单击"关闭"按钮。

步骤五：选择本文中的第二段，单击菜单中的"工具"→"宏"→"宏"，打开"宏"对话框，选择"KSMACRO2"，并单击"运行"按钮。

后 3 点内容同前，略。

第 3 题

【操作要求及解题步骤】

打开文档 KS7-3.DOC，按如下要求进行操作。

1. 利用文档大纲创建演示文稿。

● 按照【样文 7-9A】所示，以当前文档大纲结构，在 PowerPoint 中创建 6 张幻灯片，并将演示文稿应用设计模板 Blonds.pot。

● 为所有幻灯片预设从左侧飞入的动画效果，并将演示文稿保存在考生目录下的 A7.PPT 中。

步骤一：单击菜单中的"文件"→"发送"→"Microsoft Office PowerPoint"。

步骤二：单击菜单中的"格式"→"幻灯片设计"，在文档右边打开了"应用设计模板"，然后选择"Blends.pot"。

步骤三：单击菜单中的"视图"→"母版"→"幻灯片母版"，打开母版视图，单击"标题样式"，单击菜单中的"幻灯片放映"→"自定义动画"，在文档右边的"自定义动画"框中，单击"添加效果"→"进入"→"飞入"，在"方向"框中选择"自顶部"，再单击"文本样式"，单击菜单中的"幻灯片放映"→"自定义动画"，在文档右边的"自定义动画"框中，单击"添加效果"→"进入"→"飞入"，在"方向"框中选择"自顶部"。

步骤四：单击工具栏中的"保存"，出现"另存为"对话框，在"文件名"框中输入 A7.ppt。

2．在演示文稿中插入声音文件。

●按照【样文 7-9A】所示，在第一张幻灯片中插入声音文件 C:\Win2004GJW\KSML3\KSWAV7-3.mid，替换图标 C:\Win2004GJW\KSML3\KSIC07-3A.ico，设置对象格式为宽 6.56 厘米、高 4.92 厘米。

步骤一：把光标移到第一张幻灯片中。

步骤二：单击菜单中的"插入"→"对象"，打开"对象"对话框，在对话框里单击"由文件创建"，再单击"浏览"按钮，在"浏览"对话框中选择 Win2004GJW\KSML3\KSWAV7-3.mid 文件，单击"确定"按钮，回到"对象"对话框。

步骤三：把"显示为图标"这项选中，再单击"更改图标"按扭，出现"更改图标"对话框，然后单击"浏览"按钮，在"浏览"对话框中选择 Win2004GJW\KSML3\KSICO7-3A.ico 文件，单击"确定"按钮。

步骤四：回到"对象"对话框，单击"确定"按钮。

步骤五：右击声音对象，选择"设置对象格式"，打开"对象格式"对话框，单击"大小"选项卡，把"锁定纵横比"和"相对原始图片大小"的勾去掉，在高度框里输入 4.92 厘米，在宽度框里输入 6.56 厘米，单击"确定"按钮。

3．在文档中插入另一文档。

● 按照【样文 7-3B】所示，将演示文稿 C:\Win2004GJW\KSMLl\KSPPT7-9.ppt 插入到 A7.doc 文档文本"课程介绍"后面，替换图标 C:\Win2004GJW\KSML3\KSIC07-9B.ico，设置对象格式为宽 3.92 厘米、高 2.46 厘米。

步骤一：单击 A7.doc 文档，把光标移到"课程介绍"后面。

步骤二：单击菜单中的"插入"→"对象"，打开"对象"对话框，在对话框里单击"由文件创建"，再单击"浏览"按钮，在"浏览"对话框中选择 Win2004GJW\KSMLl\KSPPT7-9.ppt 文件，单击"确定"按钮，回到"对象"对话框。

步骤三：把"显示为图标"这项选中，再单击"更改图标"按扭，出现"更改图标"对话框，然后单击"浏览"按钮，在"浏览"对话框中选择 Win2004GJW\KSML3\KSIC07-9B.ico 文件，单击"确定"按钮。

步骤四：回到"对象"对话框，单击"确定"按钮。

步骤五：右击 PPT 文档对象，选择"设置对象格式"，打开"对象格式"对话框，单击"大小"选项卡，把"锁定纵横比"和"相对原始图片大小"的勾去掉，在高度框里输入 2.46 厘米，在宽度框里输入 3.92 厘米，再单击"版式"选项卡，单击"浮于文字上方"，然后单击"确定"按钮。

4．在文档中插入水印：按照【样文 7-3B】所示，在 A7.doc 文档中创建文字水印"Office PowerPoint 2003 培训介绍"，并设置水印格式为宋体、标准(在 Word 2002 中设置尺寸为 105)、红色、斜线(在 Word 2002 中设置尺寸为斜式)。

步骤一：单击菜单中的"格式"→"背景"→"水印"。

步骤二：在"水印"对话框中，选择"文字水印"，在文字框中输入"Office PowerPoint 2003 培训介绍"，在字体框中选择宋体，在尺寸框里选择 105，颜色框里选择红色，把"半透明"这项提勾去掉，在版式里选择"斜式"，最后单击"确定"按钮。

第 4 题

【操作要求及解题步骤】

打开文档 KS7-4.doc，按如下要求进行操作。

前 2 点同前，略。

3. 在演示文稿中插入工作表。

● 按照【样文 7-4】所示，在第 4 张幻灯片中插入工作表 C:\Win2004GJW\KSML1\KSSJB7-4.xls。

步骤一：把光标移到第 4 张幻灯片中，单击菜单中的"插入"→"对象"，打开"对象"对话框，在对话框里单击"由文件创建"，再单击"浏览"按钮，在"浏览"对话框中选择 Win2004GJW\KSML1\KSSJB7-4.xls 文件，单击"确定"按钮，回到"对象"对话框，再单击"确定"按钮。

步骤二：按照样文，把工作表移动到恰当的位置。

第 5 题

【操作要求及解题步骤】

打开文档 A7.doc，按如下要求进行操作。

前 3 点同前，略。

4.在文档中插入图表。

● 按照【样文 7-5B】所示，在 A7.doc 文档下方插入图表 C:\Win2004GJW\KSML1\KSSJB7-5.xls。

步骤一：把光标移到文档末尾，单击菜单中的"插入"→"对象"，打开"对象"对话框，在对话框里单击"由文件创建"，再单击"浏览"按钮，在"浏览"对话框中选择 Win2004GJW\KSML1\KSSJB7-5.xls 文件，单击"确定"按钮，回到"对象"对话框，再单击"确定"按钮。

步骤二：按照样文，把工作表移动到恰当的位置。

第 6 题

【操作要求及解题步骤】

打开文档 KS7-6.doc，按如下要求进行操作。

1. 办公软件间的信息转换。

● 按照【样文 7-6】所示，在文档的末尾插入一张工作表 C:\Win2004GJW\KSML1\KSSJB7-6.xls。

步骤一：把光标移到文档的末尾，单击菜单中的"插入"→"对象"，打开"对象"对话框，在对话框里单击"由文件创建"，再单击"浏览"按钮，在"浏览"对话框中选择 Win2004GJW\KSML1\KSSJB7-6.xls 文件，单击"确定"按钮，回到"对象"对话框，再单击

"确定"按钮。

步骤二：按照样文，调整好工作表的位置。

2. 宏的创建、运行。

● 在文档 A7.DOC 中以 KSMACR09 为宏名录制宏，将宏保存在当前文档中，要求设置字体格式为华文行楷、加粗、四号、红色、带下画线，行间距为固定值 25 磅，并指定快捷键为"ALT+Z"。

● 按照【样文 7-6】所示，利用快捷键将录制的宏应用在第 1 段中。

步骤一：单击菜单中的"工具"→"宏"→"录制宏"，打开"录制宏"对话框，在"宏名"框中输入"KSMACRO9"，在"将宏保存在"框中选择"A7.doc 文档"，单击"键盘"图标，如图 7-6-1 所示。

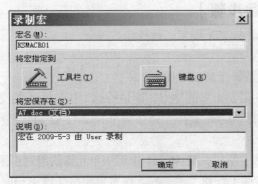

图 7-6-1 录制宏

步骤二：在"自定义键盘"对话框里，用手在键盘上按"Alt+Z"键，然后单击"指定"按钮，最后单击"关闭"按钮。

步骤三：单击工具栏中的字体选择"华文行楷"，单击"加粗"，字体大小选择"四号"，字体颜色选择"红色"，单击"下画线"按钮，对本文单击鼠标右键选择"段落"，打开"段落"对话框，在"行距"框中选择"固定值"，在"设置值"框中输入"25"。

步骤四：选择本文中的第一段，用手在键盘上按"Alt+Z"键。

在各种办公软件间转换文件格式。

● 保存当前文档，并重新以 Web 文件类型另存文档，页面标题为"蒙娜丽莎"。

步骤一：在菜单栏中单击"文件"→"保存"。

步骤二：在菜单栏中单击"文件"→"另存为网页"，打开"另存为"对话框，单击"更改标题"按钮，出现其对话框，在页标题框中输入"蒙娜丽莎"，然后单击"确定"按钮，回到"另存为"对话框中，再单击"保存"按钮。

第 7 题

【操作要求及解题步骤】

打开文档 KS7-7.doc，按如下要求进行操作。

前 3 点同前，略。

4. 宏的编辑。

● 按照【样文 7-7C】所示，将 KSML1 中的模板文件 KSDOT7.dot 中的宏 KSMACR011

复制到当前文档中，并应用在第 2 段中。

步骤一：单击菜单中的"工具"→"宏"→"宏"，打开"宏"对话框，单击"管理器"按钮，打开"管理器"对话框，单击右边的"关闭文件"按钮，该按钮的字就变成了"打开文件"，再单击该按钮，选择 Win2004GJW\KSML1\KSDOT7.dot 文件，在"ksdot7.dot"框中选择 New Macros，单击"复制"按钮，最后单击"关闭"按钮。

步骤二：选择本文中的第二段，单击菜单中的"工具"→"宏"→"宏"，打开"宏"对话框，选择"KSMACRO11"，并单击"运行"按钮。

第 8 题

【操作要求及解题步骤】

打开文档 KS7-8.doc，按如下要求进行操作。

1．复制工作表。

● 将 Sheet1 工作表复制到 Sheet2 中。

把光标移到 Sheet1 中最左上角的地方，即是行标 1 和列标 A 的交叉位置单击，把整个工作表选择，然后右击，选择"复制"。把光标移到 Sheet2 的 A1 单元格中，右击，选择"粘贴"。

2．录制宏。

● 按照【样文 7-8A】所示，在 Sheet1 中运用单元格的绝对引用，以 ksmacro19 为宏名录制宏，将宏保存在"当前工作簿"中，要求设置单元格区域 B3:E9 的字体为隶书，内部框线为虚线。

● 在 Sheet1 中，运用单元格的相对引用以 ksmacro20 为宏名录制宏，创建快捷键"Ctrl+Z"，将宏保存在"当前工作簿"中，设置字体格式为楷体、加粗，字号为 28 磅，梅红，深蓝色的底纹。

步骤一：单击菜单中的"工具"→"宏"→"录制宏"，打开"录制宏"对话框，在"宏名"框中输入"ksmacro19"，在"保存在"框中选择当前工作簿，然后单击"确定"按钮，如图 7-8-1 所示。

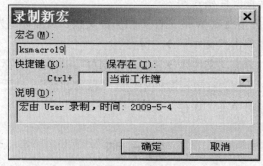

图 7-8-1　录制新宏

步骤二：选择单元格 B3 到 E9，右击，选择"设置单元格格式"，打开其对话框。

步骤三：选择"字体"选项卡，在"字体"框中选择隶书。

步骤四：选择"边框"选项卡，在"线条样式"框中选择虚线，然后在预置栏中单击"内部"，再单击"确定"按钮。

步骤五：单击"录制宏"工具栏中的"停止"按钮。

步骤六：单击菜单中的"工具"→"宏"→"录制宏"，打开"录制宏"对话框，在"宏名"框中输入"ksmacro20"，在"保存在"框中选择当前工作簿，在快捷键中输入 Z，然后单击"确定"按钮。

步骤七：单击"录制宏"工具栏中的"相对引用"按钮。

步骤八：右击任意空白的单元格，选择"设置单元格格式"，打开其对话框。

步骤九：选择"字体"选项卡，在"字体"框中选择楷体，在"字形框"中选择加粗，在"字号"框中选择 28，在"颜色"框中选择梅红色，再单击"图案"选项卡，选择"深蓝色"，然后单击"确定"按钮，单击"录制宏"工具栏中的"停止"按钮。

3. 运行宏。

● 按照【样文 7-8B】所示，在 Sheet2 中选中单元格 B2 运用快捷键快速运行该宏。

步骤一：把光标移动到 Sheet2 中，选择 B2 的单元格。

步骤二：按下"Ctrl+Z"键。

4．在各种办公软件间转换文件格式。

● 保存当前工作簿，并重新以 DBF 文件类型另存文档。

步骤一：在菜单栏中单击"文件"→"保存"。

步骤二：在菜单栏中单击"文件"→"另存为"，打开"另存为"对话框，在"保存类型"框中选择 BDF 文件类型，再单击"保存"按钮。

PART 8

第八单元
桌面信息管理程序应用

第1题

【操作要求及解题步骤】

请考生确认以 KS 邮箱登录，进入 Outlook，引入文件 A8.pst 至个人文件夹中，用引入的项目替换重复的项目，按下列要求进行操作。

进入 Outlook，输入邮箱名"KS"，无口令，单击"确定"按钮。

单击菜单栏"文件"，选择"引入和导出"命令，在"引入和导出"选项卡上选择"从另一程序或文件导入"，如图 8-1-1 所示。单击"下一步"按钮，在导入的文件类型中选择"个人文件夹文件（.pst）"，如图 8-1-2 所示。

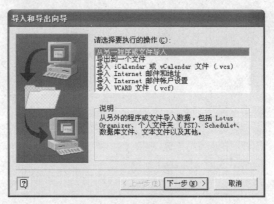

图 8-1-1　导入导出向导

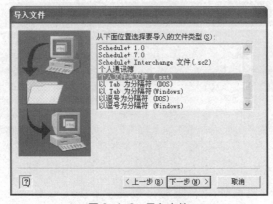

图 8-1-2　导入文件

单击"下一步"选择导入文件,单击"浏览"按钮, 路径为 E:\Win2004GJW\KSML2\KS8-1.pst, 如图 8-1-3 所示。单击"下一步"按钮, 选择导入文件, 如图 8-1-4 所示, 单击"完成"按钮。

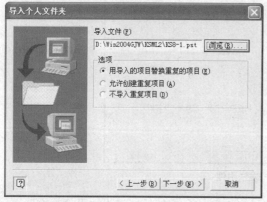

图 8-1-3 导入个人文件夹

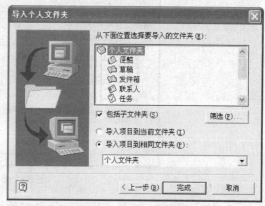

图 8-1-4 导入个人文件夹

1. 答复邮件。

● 按【样文 8-1A】,答复李飞的邮件, 并在答复的邮件中插入附件为 C:\Win2004GJW\KSML3\fujian8-1.doc。

单击 收件箱, 单击邮件"李飞", 单击 答复发件人(R) , 在如图 8-1-5 所示界面中单击 插入附件。

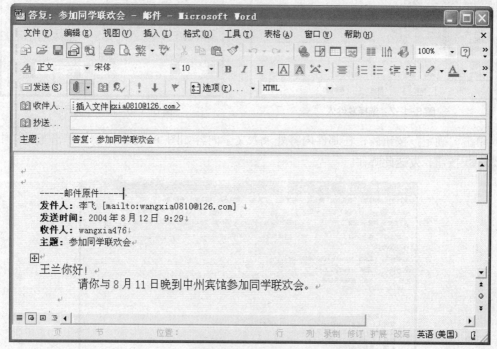

图 8-1-5 答复邮件

附件路径为 E:\Win2004GJW\KSML3\fujian8-1.doc, 在邮件内容处录入文字内容如图 8-1-6 所示, 单击工具栏中的 发送(S) 按钮, 发送此邮件。

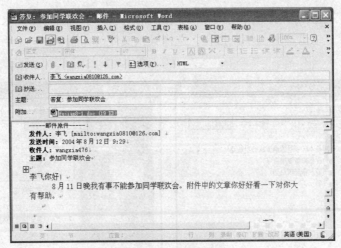

图 8-1-6 发送附件

● 按【样文 8-1B】，答复王占永的邮件，抄送至王冰，将邮件标记为"无须响应"。

单击 收件箱，单击邮件"王占永"，单击 答复发件人(R)，单击 抄送...，完成如图 8-1-7 所示设置。单击"确定"按钮后，单击 ▼ 再设置，如图 8-1-8 所示。

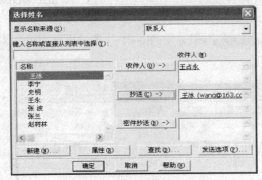

图 8-1-7 选择发件人

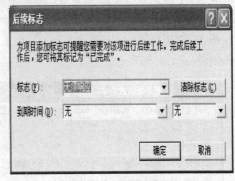

图 8-1-8 添加后续标志

单击"确定"按钮后，在邮件内容处录入文字内容如图 8-1-9 所示。单击工具栏中的 发送(S) 按钮，发送此邮件。

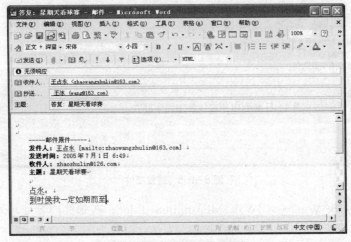

图 8-1-9 答复星期天看球赛

2. 定制约会。

● 按【样文 8-1C】，添加一次个人约会。主题为"张蕴华老师的生日"；地点为"张老师的家"；时间为"2004 年 8 月 12 日"，20：00 开始，21：00 结束，以年为周期；通知"张波、张兰"；提前一天提醒。

在文件夹列表处单击"日历"，如图 8-1-10 所示。

单击 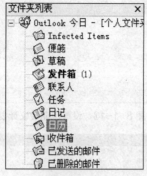 按图 8-1-11 所示设置。

图 8-1-10

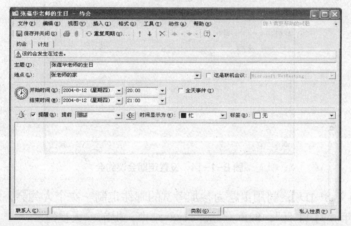

图 8-1-11 设置约会

单击"重复周期"工具，按图 8-1-12 所示设置，单击"确定"按钮。

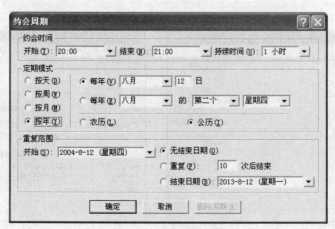

图 8-1-12 设置约会周期

单击 计划 ，在"添加其他人"处按图 8-1-13 所示设置，单击 约会 ，按图 8-1-14 所示设置，单击工具栏中的"保存并关闭"按钮关闭该约会。

图 8-1-13　设置定期会议计划

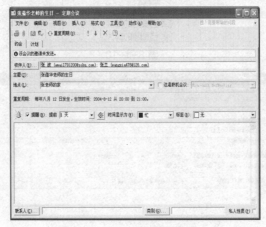

图 8-1-14　设置定期会议约会

● 按【样文 8-1D】，利用主题为参加考试的邮件定制一次个人约会，地点为"一高"，时间为"2004 年 8 月 11 日"，8:00 开始，11:00 结束，提前一天提醒。

在文件夹列表处单击"日历"，单击 约会 ，选择菜单栏"插入"项目，如图 8-1-15 所示设置。单击"确定"按钮，完成如图 8-1-16 所示的设置，单击工具栏中的"保存并关闭"按钮，关闭该约会。

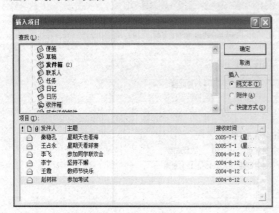

图 8-1-15　插入项目设置

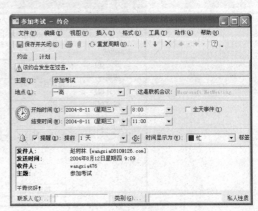

图 8-1-16　设置约会

3．通讯簿操作。

按【样文 8-1E】所示，将"王天南"添加到联系人列表中。

在文件夹列表中，单击 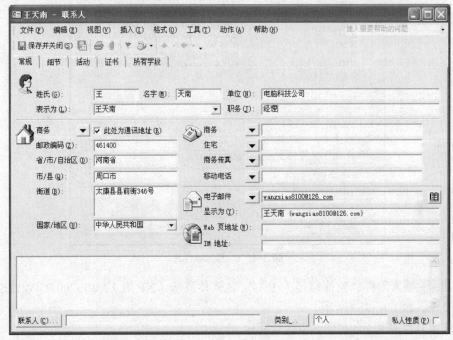 联系人，单击 新建，完成如图 8-1-17 所示的设置。

图 8-1-17 添加联系人

单击工具栏中的"保存并关闭"按钮。

4．导出结果。

● 导出个人文件夹（包括子文件夹）到 A8-A.pst。

单击"文件"菜单，选择"引入和导出"命令，选择"导出到一个文件"，单击"下一步"按钮，选择"个人文件夹（.PST）"，选定导出的文件夹"个人文件夹"，包括子文件夹复选项，单击"下一步"按钮，单击"浏览"按钮，单击查找范围下拉箭头，选择 E:\根目录，双击"考生文件夹"，输入文件名"A8-A.PST"，单击"确定"按钮，单击选定用导出的项目替换重复的项目，单击"完成"按钮。

第 2 题

【操作要求及解题步骤】

1．答复邮件。

● 按【样文 8-2A】，将邮件"参加同学聚会"转发给李宁，并在转发的邮件中插入附件为 C:\Win2004GJW\KSML3\fujian8-2.xls。

单击 收件箱，单击邮件"李飞"，单击 转发，单击"收件人"按钮，选择"李宁"，如图 8-2-1 所示，单击"确定"按钮。

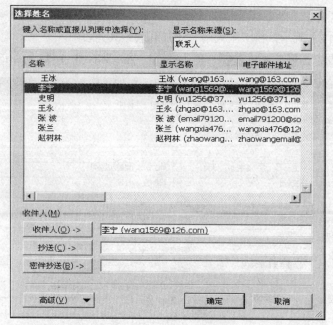

图 8-2-1 添加收件人

单击 🔟 ▾ 插入附件，附件路径为 E:\办公_软件高级（XP 版）\Win2004GJW\KSML3\ fujian8-2.doc,如图 8-2-2 所示。

单击工具栏 ➡发送(S) 按钮，发送此邮件。

● 按【样文 8-2B】，将邮件"参加考试"转发给李宁，将邮件标记为"无须响应"，重要性为"高"，请在阅读此邮件后给出"已读"回执。

单击 📮收件箱，单击邮件"参加考试"，单击 转发(W)，单击"收件人"按钮，选择"李宁"，单击"确定"按钮。单击 ▾ ，如图 8-2-3 所示设置并确定。单击 ⊞选项(P)... ▾ ，如图 8-2-4 设置。单击工具栏中的 ➡发送(S) 按钮，发送此邮件。

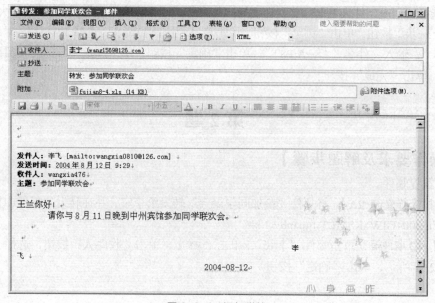

图 8-2-2 添加附件

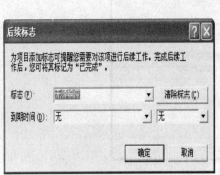

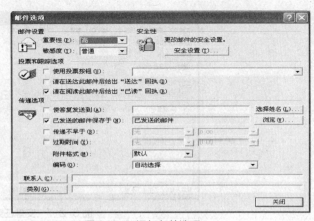

图 8-2-3 添加后续标志　　　　　　图 8-2-4 添加邮件选项

2．安排会议。

● 按【样文 8-2C】，安排一次会议。主题为"经济技术工作会议"；地点为"中州路财源宾馆"；时间为"2004 年 8 月 12 日"，9:00 开始，11:00 结束；史明是必选与会者，王永是可选与会者，提前 1 小时提醒。

在文件夹列表处单击"日历"，单击，按图 8-2-5 所示设置。单击工具栏中的"发送"按钮关闭该会议。

3．安排任务。

● 按【样文 8-2D】所示，安排"全国测量工资格培训考试"的任务日程，开始时间为2004 年 8 月 12 日，结束时间为 2004 年 8 月 20 日。

在文件夹列表处单击"任务"，单击，按图 8-2-6 所示设置。

单击工具栏中的"保存并关闭"按钮关闭该任务。

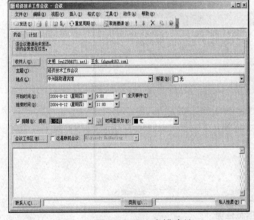

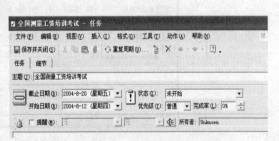

图 8-2-5　安排会议　　　　　　　图 8-2-6　安排任务

● 按【样文 8-2E】所示，安排"书写财务报告"的任务日程，开始时间为 2004 年 10月 12 日，结束时间为 2004 年 10 月 16 日，将任务分配给王永和史明。

在文件夹列表处单击"任务"，单击，按图 8-2-7 所示设置。

单击工具栏中的"保存并关闭"按钮关闭该任务。

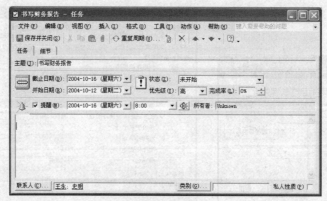

图 8-2-7　安排任务

4. 导出结果。

同前，略。

第 3 题

【操作要求及解题步骤】

1. 发送邮件。

同前，略。

2. 指派任务。

● 按【样文 8-3C】，将任务'"市场调查报告"指派给"赵凤"，开始时间为 2004 年 8 月 12 日，结束时间为 2004 年 8 月 20 日，状态"进行中"，优先级为"高"，类别为"个人"。

在文件夹列表处单击"任务"，单击 ，按图 8-3-1 所示设置。

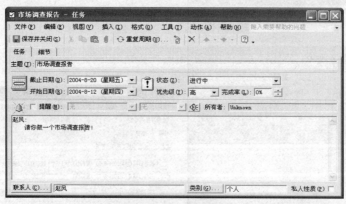

图 8-3-1　指派任务

单击工具栏中的"保存并关闭"按钮关闭该任务。

3. 安排事件。

● 按【样文 8-3D】，将"到建设兵团参加劳动"设置为全天事件，地点为"建设兵团农场"，时间为 2004 年 10 月 16 日，提前 1 天提醒。

在文件夹列表处单击"日历"，单击 ，按图 8-3-2 所示设置。

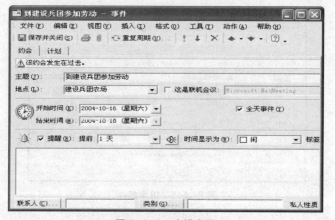

图 8-3-2　安排事件

● 按【样文 8-3E】，将 "2004 年房地产交易会"设置为全天事件，地点为"人民广场"，时间为 2004 年 8 月 12 日，并通知李灵珊、秦孔，重要性为"高"，提前 1 小时提醒。

在文件夹列表处单击"日历"，单击 ，按图 8-3-3 所示设置。

图 8-3-3　邀请事件

4. 导出结果。

同前，略。

第 4 题

【操作要求及解题步骤】

请考生确认以 KS 邮箱登录，进入 Outlook，引入文件 A8.PST 至个人文件夹中，用引入的项目替换重复的项目，按下列要求进行操作。

1．排序邮件。

● 按【样文 8-4A】，将收件箱中的邮件按发件人的姓名进行降序排列。

单击收件箱图标，在发件人按钮处单击右键，选择降序排序，如图 8-4-1 所示，完成录入及设置。

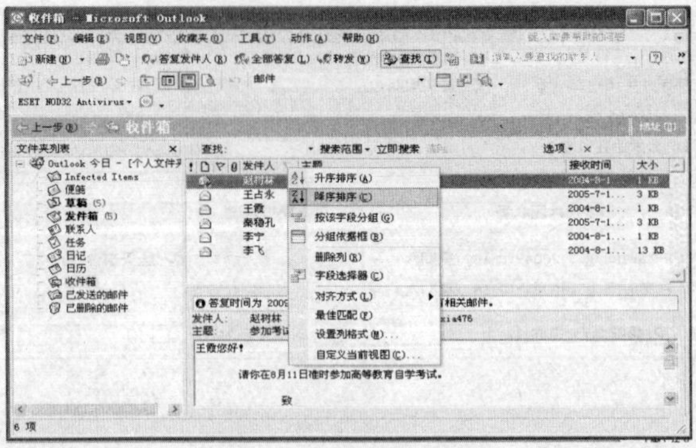

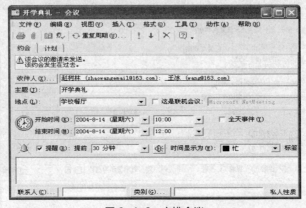

图 8-4-1 排序邮件

2. 安排会议。

● 按【样文 8-4B】, 安排一次会议, 主题为"开学典礼", 地点为"学校餐厅", 时间为 "2004 年 8 月 14 日", 10:00 开始, 12:00 结束, 并通知王中、赵树林, 提前 30 分钟提醒。

在文件夹列表处单击"日历", 单击 新建⑥ 约会, 按图 8-4-2 所示完成设置, 单击菜单栏中的 "保存"按钮关闭该会议。

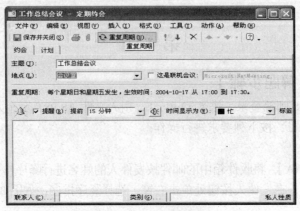

图 8-4-2 安排会议

● 按【样文 8-4C】, 安排一次周期性会议, 主题为"工作总结会议", 地点为"会议室", 使其发生在每周的星期五, 生效时间为 2004 年 10 月 15 日 17:00 到 17:30, 提前 15 分钟提醒。

在文件夹列表处单击"日历", 单击 新建⑥ 约会, 按图 8-4-3 所示完成设置,

图 8-4-3 安排周期会议

单击"重复周期"，按图 8-4-4 所示完成设置。单击"确定"按钮，单击工具栏中的"保存并关闭"按钮关闭该会议。

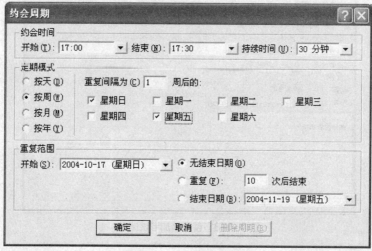

图 8-4-4 设置重复周期

3、4 点同前，略。

第 5 题

【操作要求及解题步骤】

1. 由联系人创建邮件。

● 按【样文 8-5A】，由联系人段辉创建邮件，主题为"感谢你帮助了我!"，抄送给刘华，重要性为"高"，敏感度为"私有"，请在送达此邮件后给出"送达"回执，类别为"个人"。

在文件夹列表处单击"联系人"，选择"段辉"，单击菜单栏"联系人"，选择"致新联系人的邮件"命令，如图 8-5-1 所示，完成录入及设置。单击"选项"，按图 8-5-2 所示完成设置。单击"关闭"按钮，单击工具栏中的 🖃发送(S) 按钮，发送此邮件。

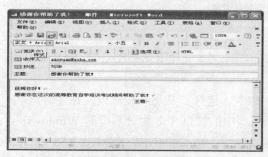

图 8-5-1 创建邮件

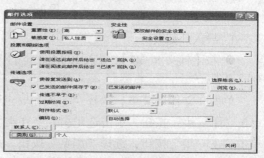

图 8-5-2 邮件选项设置

● 按【样文 8-5B】，由联系人王静创建邮件，主题为"参加考试"，并在邮件中插入附件为 C:\Win2004GJW\KSML3\fujian8-5.xls。

在文件夹列表处单击"联系人"，选择"王静"，单击菜单栏"联系人"，选择"致新联系人的邮件"命令，如图 8-5-3 所示，完成录入及设置。单击 🖉 插入附件，附件路径为

E:\Win2004GJW\KSML3\fujian8-5.xls。

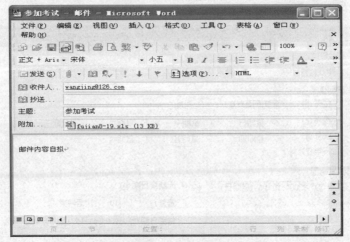

图 8-5-3　创建参加考试邮件

2. 撤消邮件。

● 按【样文 8-5C】，撤消发送给刘华的邮件"给我代购一张飞机票"，并保存返回信息。

单击"已发送的邮件"，双击打开邮件"给我代购一张飞机票"，单击菜单栏中的"动作"，选择"撤回此邮件"命令，完成如图 8-5-4 所示的设置。单击"确定"按钮，并关闭邮件。

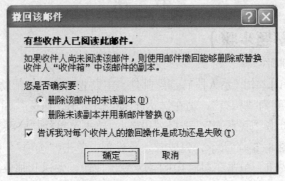

图 8-5-4　撤回邮件设置

3. 导入外部数据。

● 按【样文 8-5D】，导入 KSML3 下的 Windows 文本文件 KS8-5B.txt(以 TAB 键分隔)到联系人。

单击"文件"菜单，选择"引入和导出"命令，选择"从另一程序或文件中导入"，单击"下一步"按钮，单击选定引入文件类型列表中的"以 Tab 为分隔符的(Windows)"，单击"下一步"按钮，选择"浏览"按钮，路径为 E:\Win2004GJW\KSML3\KS8-5.txt，单击"下一步"按钮，选定目标文件夹列表中的"联系人"文件夹，单击"下一步"按钮，单击"完成"按钮。

4. 导出结果

同前，略。